(Par Claude Perrault)

DESCRIPTION ANATOMIQUE DE DIVERS ANIMAUX diſſequez dans l'Academie Royale des Sciences.

Accompagnez de leurs Squelet.

ET

Repreſentez en Figures gravées.

Avec les Obſervations faites en leur diſſection.

SECONDE EDITION.

Augmentée d'une Decouverte particuliere touchant la VEÜE.

A PARIS,
Chez LAURENT D'HOURY, ſur le Quay des Auguſtins à l'Image Saint Jean.

M. DC. LXXXII.
AVEC PERMISSION.

LE CAMELEON.

IL n'y a guere d'Animal plus fameux que le Caméleon. Ses admirables proprietez ont esté de tout temps le sujet de la Philosophie Naturelle aussi bien que de la Morale : Le changement de couleur, & la maniere particuliere de se nourrir qu'on luy attribuë, ont donné dans tous les siecles beaucoup d'admiration & d'exercice à ceux qui s'appliquent à la connoissance de la Nature : Et ces merveilles que les Physiciens ont racontées de ce chetif animal, l'ont fait estre le plus celebre symbole dont on se soit servy dans la Morale & dans la Rhetorique, pour representer la lâche complaisance des Courtisans & des flatteurs, & la vanité dont les esprits simples & legers se repaissent. Son nom mesme dans Tertullien est la matiere d'une serieuse meditation sur la fausse apparence, & il le propose comme l'exemple de l'effronterie des trompeurs & des fanfarons.

En effet on ne sçait point pourquoy les Grecs ont donné un si beau nom à une si vile & si laide beste, en l'apelant *Petit-Lion*, ou *Chameau-Lion*, selon l'etymologie d'Isidore. Gesner dit qu'il a quelque chose qui ressemble au Lion, sans exprimer ce que c'est: Panarolus veut que ce soit la queuë qu'il a crochuë par le bout, à ce qu'il dit, comme le Lion: Mais la verité est que ny le Caméleon ny le Lion n'ont point la queuë crochuë. Il y auroit plus d'apparence de mettre cette ressemblance à la creste qu'ils ont l'un & l'autre sur le sommet de la teste qui leur fait une espece de casque: mais elle ne paroist à la teste du Lion que lors que l'on a osté les chairs des muscles crotaphites. Licetus croit que ce nom luy a esté donné parce que comme le Lion chasse & devore les autres Animaux, le Chaméleon prend les Mouches, par la mesme raison qu'un petit ver, qui chasse & prend les Fourmis qu'Albert a décrit, est appellé *Formicaleon*, & qu'une petite Ecrevisse de mer est nommée Lion, ainsi que Pline & Athenée raportent, parce qu'elle est de la couleur du Lion.

Le Caméleon est du genre des animaux à quatre pieds & qui font des œufs, comme la Tortuë, le Crocodile & le Lezard à qui il ressemble assez, si ce n'est qu'il n'a pas la teste &

le dos plat comme le Lezart, qui a aussi les jambes beaucoup plus courtes, avec lesquelles il court fort viste sur terre; au lieu que le Caméleon, a les jambes plus longues, & ne va aisément que sur les arbres, où il se plaist plus que sur terre, parce qu'il craint, à ce qu'on dit, les Serpens dont il ne se peut pas garantir par la course, & que de là il les épie, attendant l'occasion qu'ils passent ou qu'ils s'endorment au dessous de luy, pour les faire mourir par sa bave qu'il laisse tomber sur eux.

Belon a remarqué deux especes de Caméleons, dont l'un se trouve en Arabie, l'autre en Egypte : Faber Lynceus adjoûte un troisiéme qui est le Mexicain. Celuy que nous décrivons est l'Egyptien. Il nous a esté aporté vivant de ce païs : il estoit des plus grands qui se voyent, ayant en tout, compris la queuë, onze pouces & demy de longueur, dont celuy d'Arabie & de Mexique n'ont que la moitié. C'est pourquoy Pline s'est abusé de beaucoup quand il l'a fait aussi grand que le Crocodile. Saumaise attribuë cette faute à la mauvaise traduction que cét Auteur a faite du Livre que Democrite a écrit du Caméleon, dans lequel, selon le Dialecte Ionique, le Crocodile est apellé du nom qui signifie communément le Lezard. La teste du nostre avoit un pouce & dix lignes : depuis la teste jusqu'au commencement de la queuë il y avoit quatre pouces & demy : la queuë estoit de cinq pouces ; & les pieds avoient chacun deux pouces & demy de long. La grosseur du corps s'est trouvée differente en divers temps : car il avoit quelquefois depuis le dos jusqu'au dessous du ventre deux pouces ; d'autres fois il n'avoit gueres plus d'un pouce, selon qu'il s'enfloit ou qu'il s'étressissoit. Cette enflure & cét étressissement n'estoit pas seulement du thorax & du ventre, mais elle alloit mesme jusques à ses bras, à ses jambes & à sa queuë. Cette particularité qu'Aristote a remarquée, nous fit penser à ce que Theophraste dit du poumon du Chamæleon, à sçavoir qu'il s'étend par tout son corps.

Or ces mouvemens contraires de se renfler & de se retressir, ne se faisoient pas comme aux autres animaux, lors que pour respirer ils dilatent leur poitrine & la resserrent incontinent aprés successivement & par un ordre compassé : Car nous l'avons veu enflé plus de deux heures, pendant lequel temps il se des-enfloit bien quelque peu, mais imperceptiblement, & se renfloit quelque peu, mais avec cette difference, que la dilatation estoit plus soudaine & plus visible, & cela par des intervalles longs & inégaux. Nous l'avons de mesme veu demeurer des-enflé pendant un long espace, & bien plus long-temps qu'enflé. En cét estat il paroissoit si décharné que l'épine du dos estoit aiguë, comme si par l'extenuation des muscles qui sont en dehors le long des vertebres, la peau estoit collée sur les apophyses épineuses & sur les obliques; ce qui faisoit paroistre trois eminences. Les costes se pouvoient compter, & les tendons des bras & des jambes se faisoient voir fort distinctement. Mais les vertebres en maniere de scie que Gesner & Landius dans Scaliger disent luy avoir veuës sur le dos, ny les épines que Panarolus dit y avoir esté mises par la Nature pour sa défence, ne nous apparurent point : Quelque maigre qu'il soit devenu, son dos demeura seulemét aigu & comme trenchant, sans estre dentelé & sans avoir aucunes pointes, ses apophyses épineuses estant carrées par le bout comme à la pluspart des Animaux. Cette maigreur se connoissoit encore quand il se contournoit le corps; car il sembloit que c'estoit un sac vuide que l'on tordoit : ce que Tertullien, qui estoit du païs de nostre Caméleon, avoit fort bien observé, quand il a dit que cét Animal n'est qu'une peau vivante.

Cette peau estoit fort froide au toucher, & nonobstant la grande maigreur qui vient d'estre décrite on ne pouvoit sentir le battement du cœur, qui estoit encore plus caché & plus obscur que le mouvement de la respiration. La superficie de la peau estoit inégale & relevée par de petites eminences comme le chagrin, estant neantmoins assez douce au toucher, parce que chaque eminence estoit fort polie. Ces eminences ou grains estoient de grosseur differente : la plus grande partie estoit comme la teste d'une mediocre épingle, à sçavoir les grains qui couvroient les bras, les jambes, le ventre & la queuë : il y en avoit d'autres un peu plus gros de figure ovale sur les épaules & sur la teste; & quelques-uns de ces gros grains estoient plus élevez & pointus, à sçavoir sous la gorge, où ils faisoient une rangée en forme de chapelet, qui alloit depuis la lévre inferieure jusques à la poitrine. Les grains qui estoient sur le dos & sur la teste, estoient joints & amassez les uns contre les autres, tantost au nombre de sept, tantost de six, de cinq, de quatre, de trois & de deux, laissant entre ces differens amas quelques intervalles semez d'autres petits grains presqu'imperceptibles qui estoient d'ordinaire d'un rouge pâle & jaunastre de mesme que le fond de la peau qui paroissoit entre ces amas de grains. Ce fond n'a point changé de couleur que quand l'Animal est mort, auquel temps les petits points sont devenus blanchâtres, & le fond sur lequel ils estoient semez a changé son rouge en un gris brun.

On a reconnu depuis que tous ces grains, tant les grands que les petits, estoient formez en partie

tie par la peau qui s'élevoit en dehors, estant creuse par dedans au droit de chaque grain, ainsi que les lames de metail qui sont cizelées ou estampées; en partie aussi par plusieurs petites pellicules fort minces & couchées les unes sur les autres, qui augmentoient l'épaisseur de chaque eminence, & qui s'enlevoient aisément quand on les racloit avec un scalpel. Mais tout cela ne faisoit point ressembler cette peau à celle d'un Crocodile, comme Aristote veut avec la pluspart des Auteurs. Car le Crocodile a sur le dos des écailles fort larges & fort épaisses, à proportion de celles qu'il a sous le ventre; & elles sont arrangées de suitte: au lieu que les éminences de la peau du Caméleon sont semées sans aucun ordre & de grandeur peu differente.

La couleur de toutes les éminences de nostre Caméleon, lors qu'il estoit en repos à l'ombre & qu'il y avoit long-temps que l'on ne luy avoit touché, estoit d'un gris bleüastre, à la reserve du dessous des pattes qui estoit d'un blanc un peu jaunastre, & de l'intervalle des amas de grains qui estoit d'un rouge pasle & jaunastre, comme il a esté dit: Et il y a apparence que la couleur naturelle de la peau du Caméleon, qui selon Aristote est le noir, estoit dans le nostre ce gris qui le revestoit par tout lors qu'il estoit en repos, & qui est demeuré à l'envers de la peau quand elle a esté écorchée; quoy que le dessus ait conservé quelque temps aprés la mort les taches & les differentes couleurs qui y estoient au moment qu'il a expiré, mais qui se sont presque toutes effacées quand la peau a esté seiche.

Or ce gris qui coloroit tout le Caméleon exposé au grand jour, se changea quand il fut au Soleil; & tous les endroits de son corps, qui furent frappez de la lumiere, prirent au lieu de leur gris bleüastre un gris plus brun & tirant sur le minime: Le reste de la peau qui n'estoit point éclairé du Soleil, changea son gris en plusieurs couleurs plus éclatantes, qui formerent des taches de la grandeur de la moitié du doigt, qui descendoient de la creste de l'épine jusques à la moitié du dos; d'autres parurent aussi sur les costez, sur les bras & sur la queuë: Toutes ces taches estoient de couleur isabelle, par le mélange d'un jaune pâle dont les grains se colorérent, & d'un rouge clair qui est la couleur du fond de la peau qui paroist entre les grains.

Le reste de cette peau non éclairée du Soleil, & qui estoit demeurée d'un gris plus pâle que l'ordinaire, ressembloit aux draps mélez de laines de plusieurs couleurs: car on voyoit quelques-uns des grains d'un gris un peu verdastre; d'autres d'un gris minime, d'autres du gris bleüastre ordinaire, le fond demeurant comme devãt.

Lors que le Soleil cessa de luire, la premiere couleur grise revint peu à peu & se répandit par tout le corps, à la reserve du dessous des pieds qui demeura de minime ou feüille-morte : Et lors qu'estant en cet estat quelqu'un de la compagnie le mania pour observer quelque chose, il parut incontinent sur ses épaules & sur ses jambes de devant, plusieurs taches fort noirastres de la grandeur de l'ongle, ce qui n'arrivoit point lors qu'il estoit manié par ceux qui le gouvernoient : Quelquefois il devenoit tout marqueté de taches brunes qui tiroient sur le verd. En suite on l'enveloppa dans un linge, où ayant esté deux ou trois minutes, on l'en retira blanchastre, & apres avoir gardé cette couleur quelque temps, elle s'évanoüit insensiblement.

Cette experience nous fit voir qu'il n'est pas vray que le Caméleon prenne toutes les couleurs hormis le blanc, comme Theophraste & Plutarque disent : car le nostre paroissoit avoir tant de disposition à recevoir cette couleur, qu'il devenoit pasle toutes les nuicts, & quand il fut mort il avoit plus de blanc que d'autre couleur. Nous n'avons point aussi trouvé qu'il change de couleur par tout le corps, ainsi qu'Aristote a dit : car quand il prend d'autres couleurs que sa grise, & qu'il se déguise comme pour aller en masque, ainsi qu'Ælian dit agreablement, il n'en couvre que certaines parties de son corps.

Enfin, pour achever l'experience des couleurs que le Caméleon peut prendre, on le mit sur differentes choses de diverses couleurs & on l'y enveloppa : mais il ne les prit point, comme il avoit fait la blanche; & mesme il ne la prit que la premiere fois que l'experience en fut faite, quoy qu'on la reïterast plusieurs fois en differens jours.

En faisant ces experiences nous observasmes qu'il y avoit beaucoup d'endroits de sa peau qui ne brunissoient jamais que fort peu. Pour estre plus certains de cela, nous marquasmes par de petits points d'encre ceux des grains qui nous paroissoient les plus blancs lors qu'il pallissoit; & nous avons tousjours trouvé que lors qu'il devenoit plus brun & que sa peau se tachetoit, ces grains que nous avions marquez devenoient tousjours moins bruns que les autres.

Sa teste estoit assez semblable à celle d'un poisson, estant jointe à la poitrine de fort prés, & par un col fort court, qui estoit couvert par les costez de deux avances cartilagineuses, qui ressembloient aux oüyes des poissons: Il y avoit une creste élevée droite sur le sommet, & deux autres crestes au dessus des yeux tournées comme une S couchée : entre ces trois crestes il y avoit deux cavitez le long du dessus de la teste.

Son museau faisoit une pointe obtuse ; & il y avoit deux carnes qui descendoient depuis les ſourcis juſqu'au bout du muſeau, & qui le faiſoient reſſembler à celuy d'une grenoüille. Ariſtote dit qu'il eſt ſemblable au *Chœropithecus*, qui eſt un animal inconnu, dont le nom ſignifie qu'il tient du ſinge & du pourceau: mais le muſeau de noſtre Caméleon ne reſſembloit ny à celuy d'un ſinge, ny à celuy d'un pourceau; car la machoire de deſſous avançoit davantage que celle de deſſus, qui eſt le contraire du groüin de pourceau.

Sur le bout du muſeau il y avoit un trou de chaque coſté en forme de narine. Belon ſemble faire entendre que ces trous ſervent auſſi à l'oüye; & cela avec autãt de raiſon qu'Alcmæon a dit, ainſi qu'Ariſtote rapporte, que les Chevres reſpirent par les oreilles, qui eſt une choſe qu'Ælian dit n'eſtre cruë que par les Bergers, quoy que Tulpius aſſure dans ſes Obſervations, qu'en l'homme meſme il ſe trouve un conduit qui porte l'air dans la bouche par ſes oreilles. La verité eſt, que noſtre Caméleon n'avoit point d'autres ouvertures en la teſte que ces deux narines, par leſquelles il y a apparence qu'il reſpire, parce que ſa gueule eſt ordinairement fermée ſi exactement qu'il ſemble n'en point avoir, ſes deux machoires eſtant jointes par une ligne preſque imperceptible, quoy que Solin ait écrit qu'il a la gueule inceſſamment ouverte: ce qui peut faire croire que Solin & la pluſpart de ceux qui ont peint le Caméleon n'en ont point vû de vivant; car ils le font la gueule ouverte, ce qui ne luy est ordinaire que quand il est mort.

Ces machoires estoient garnies de dents, ou plustost d'un os dentelé, qui ne nous a point paru luy servir à manger; parce qu'il avalle les mousches & les autres insectes qu'il prend; sans les mascher. Ælian dit qu'il se deffend contre le serpent, à l'ayde d'un grand festu qu'il prend à sa gueule; & il y a apparence que ses dents luy peuvent servir pour le tenir plus ferme: mais il faut entendre qu'il le tient en travers, pour empécher que le serpent ne le puisse engloutir, comme il a de coustume d'avaller les grenoüilles & les lezards tous entiers: Car il n'y a point d'apparence d'expliquer cet endroit d'Ælian ainsi que font Gesner & Aldrovandus, qui conçoivent que le Caméleon se sert de ce festu comme d'un bouclier ou d'une épée avec quoy il se deffend contre le serpent comme un escrimeur feroit; car il n'est pas assez agile pour cela.

La gueule est fenduë d'une maniere toute particuliere: Car au lieu que les autres animaux ont d'ordinaire l'ouverture des levres plus petite que celle des machoires; les levres du Caméleon sont fenduës par delà la machoire de la longueur de deux lignes, & cette continuation de fente descend obliquement en bas.

La forme, la structure, & le mouvement de ses yeux avoit quelque chose de fort particulier. Ils estoient assez gros ayant plus de cinq lignes de diametre. Ils paroissoient sphæriques s'avançant en dehors de toute la moitié de leur globe, laquelle estoit couverte d'une seule paupiere faite en forme de callotte percée d'un trou par le milieu, ce trou n'ayant pas une ligne de largeur. Par ce petit trou la prunelle qui estoit brillante, brune, & bordée comme d'un petit cercle d'or, se voyoit assez aisémẽt, quoy qu'Aristote dise que ce cercle ne se peut voir qu'apres que la paupiere a esté ostée par la dissection : Cette paupiere étoit chagrinée de mesme que le reste de la peau; & quand le corps se varioit de plusieurs couleurs faisant des taches qui estoient en divers temps de differentes figures, celles de l'œil demeuroient toûjours de la mesme sorte : car des barres ou bandes teintes de la couleur qui survenoit au reste du corps, partoient du trou de la paupiere & s'épandoient vers la circonference comme des rayons.

Le devant de l'œil paroissoit attaché à la paupiere, qui ne se haussoit & ne se baissoit pas comme aux autres animaux, qui peuvent donner à leur paupiere un mouvement different de celuy de l'œil; car celuy de nostre Caméleon ne se remuoit point que la paupiere ne suivist son mouvement. Ce que Pline semble avoir exprimé, mais assez improprement, quand il a dit, que la prunelle du Caméleon ne se remuë point, mais que c'est tout l'œil qui se tourne ; car il n'y a point d'animal qui remuë la prunelle lors que tout le reste de l'œil demeure immobile. Mais ce qui est de plus extraordinaire en ce mouvement, est de voir remuër un des yeux lors que l'autre demeure immobile, & l'un tourner en devant en mesme temps que l'autre regarde en arriere ; l'un s'élever au Ciel, quand l'autre s'abaisse vers la terre ; & tous ces mouvemens estre si extrêmes qu'ils portent la prunelle jusques sous la creste qui fait le sourcy, & si avant dans les coins de l'œil, que la veuë puisse découvrir ce qui est tout-à-fait derriere & directement devant, sans que la teste qui est serrée contre les épaules soit tournée. Aristote qui a décrit le Caméleon plus exactement qu'il n'a fait aucun autre animal, a obmis cette particularité du mouvement separé des yeux, qui à la verité n'est point au Caméleon de Mexique ; mais il y a apparence que ce n'est pas celuy-là qu'Aristote a décrit : Il n'a pas aussi observé que ce petit trou de la paupiere se ferme en s'élargissant de travers, jusques à ne faire qu'une fente qui joint fort exactement la partie d'enhaut avec celle d'enbas ; car il dit que les bords de ce trou ne se joignent jamais pour couvrir l'œil. Pline & Solin assurent aussi la mesme chose, & presque tous les

les Historiens naturels qui n'ont vû des Caméleons que dans les livres de ces Auteurs.

Cette partie du corps qui s'appelle le tronc, & qui comprend le thorax & le ventre, n'estoit à nostre Caméleon qu'un thorax, sans avoir presque de ventre; ce qu'Aristote a mieux remarqué que Pline, qui dit que la poitrine du Caméleon est jointe à son ventre; car cela ne luy est point particulier, estant ainsi en tous les Animaux, qui n'ont jamais rien entre la poitrine & le ventre: Mais quand Aristote dit, que la poitrine du Caméleon, ainsi qu'aux poissons, est jointe à l'hypogastre, qui est la partie basse du ventre; il fait fort bien entendre que les costes descendent dans les Iles, où les autres Animaux n'ont que les apophyses transverses des lombes, le reste estant sans os, & pour cette raison appelé vuide par Hippocrate.

Ses quatre pieds estoient pareils: Ils differoient seulement en ce que ceux de devant estoient pliez en arriere, & ceux de derriere en devant; & l'on pourroit dire que ce sont quatre bras qui ont leur quatre coudes en dedans, estant composez chacun comme d'un *humerus*, joint avec deux os semblables à un *radius* & un *cubitus*: Et Solin s'est trompé quand il a dit, que les pieds du Caméleon sont joints au ventre; car au nostre ceux de derriere estoient articulez avec l'os *ischion*, & ceux de devant estoient attachez aux omoplates.

Les quatre pattes estoient composées chacune de cinq doigts, & ressembloient mieux à des mains qu'à des pieds : Elles estoient, tant celles de devant que celles de derriere, fenduës en deux; ce qui faisoit comme deux mains à chaque bras, & deux pieds à chaque jambe : car bien qu'une de ces parties n'eust que deux doigts & l'autre trois, elles estoient neantmoins aussi larges l'une que l'autre, les doigts qui estoient deux à deux estant plus gros que ceux qui estoient trois à trois. Ces doigts estoient enfermez ensemble sous une mesme peau comme dans une mitaine, & n'estoient point distinguez qu'en la derniere jointure, à laquelle les ongles sont attachez. La disposition de ces pattes estoit differente en ce que celles de devant avoient deux doigts en dehors & trois en dedans, au contraire de celles de derriere qui en avoient trois en dehors & deux en dedans.

Avec ces pattes il empoignoit les petites branches des arbres de mesme que le Perroquet, qui pour se percher partage ses doigts autrement que le reste des oyseaux qui en mettent toûjours trois devant & un derriere, où le Perroquet en met deux derriere de mesme que devant.

Les ongles qui estoient un peu crochus, fort pointus, & d'un jaune pasle, ne sortoient que de la moitié hors la peau, l'autre moitié estoit enfermée & cachée dessous; ils avoient en tout deux lignes & demie.

Sa queuë ressembloit assez bien à celle d'une Vipere, ainsi que Pline remarque, ou à celle d'un grand Rat; ce que Marmol qui a écrit l'Histoire de l'Affrique en Espagnol, semble avoir voulu dire quand il compare cette queuë à celle d'une Taupe, parce que le peu de ressemblance qu'il y a entre la queuë d'un Caméleon & celle d'une Taupe doit faire croire que Marmol, suivant la coustume de la pluspart de ceux qui font les Relations de ce qu'ils ont vû dans les païs estrangers, a meslé sans distinction ce qu'il a lû avec ce qu'il a vû, & qu'il a pris ce qu'il dit de la queuë du Caméleon dans quelque Autheur Italien, parce que *Topo* qui en Espagnol signifie une Taupe, signifie un Rat en Italien.

Or la queuë de nostre Caméleon n'estoit semblable à celle d'une Vipere ou d'un Rat, que lors que son enflure la rendoit ronde; car autrement elle avoit tout du long les trois eminences qui se voyent sur le dos, comme il a esté dit, qui sont les rangées des apophyses épineuses & obliques des vertebres; & outre cela elle avoit encore deux autres rangées faites par les apophyses transverses. Il ne manquoit jamais à entortiller cette queuë autour des branches, & elle luy servoit comme d'une cinquiéme main: quand il marchoit il la laissoit rarement traisner sur terre, mais il la tenoit parallelle aux lieux où il marchoit.

Son marcher estoit plus lent que celuy d'une Tortuë, mais tout-à-fait ridicule, en ce que ses jambes n'estant pas courtes & embarassées comme sont celles de la Tortuë, mais fort libres & dégagées, il les portoit avec une gravité qui paroissoit affectée, parce qu'elle sembloit estre sans sujet. C'est pourquoy Tertullien dit, qu'on croiroit que le Caméleon fait plustost semblant de marcher qu'il ne marche en effect.

Quelques-uns estiment que ce marcher est une marque de la timidité que l'on dit estre extrême en cet animal : Mais parce qu'il est certain que la crainte, quand elle n'est point assez grande pour oster tout-à-fait le mouvement, donne une grande force à celuy des jambes, dans lesquelles on croit qu'elle fait descendre toute la chaleur & toute la vigueur qui a abandonné le cœur; Il y a bien plus d'apparence que cette lenteur est l'effet d'une grande precaution qui fait agir avec circonspection : Car il semble que le Caméleon choisit les endroits où il doit poser ses pieds, & quand il monte sur les arbres il ne se fie point à ses ongles, bien qu'ils soient plus pointus que ceux des Ecurieux qui gravissent si legerement par tout ; mais s'il ne peut empoigner les branches à cause de leur grosseur, il cherche long-temps les fentes qui sont à l'écorce pour y affermir ses ongles.

AYant ouvert nostre Caméleon apres sa mort, nous trouvasmes, lors que la peau qui couvroit le Thorax & le ventre fut levée, qu'il n'y avoit dessous que des membranes qui joignoient les costes ensemble, & qui tenoient lieu de muscles intercostaux. Ces membranes qui estoient si transparentes que l'on voyoit les entrailles au travers, estoient teintes de vert en la region du Foye.

Tout le ventre ayant esté divisé par le milieu jusqu'au cartilage xiphoïde, le Foye se presenta, hors duquel la vesicule du fiel s'élevoit jusques à toucher aux fausses costes; nous appelons ainsi les costes qui ne sont pas jointes au *Sternum*, & qui sont d'une façon particuliere au Caméleon, ainsi qu'il sera expliqué cy-apres. Nous trouvasmes la vesicule entre les deux lobes; Belon la met dans le gauche: Elle estoit de la grosseur d'un pois, presque ronde, d'un vert brun; son col produisoit le conduit cholidoque qui s'alloit inserer au dessous du pylore.

Le Foye qui estoit d'un rouge fort brun, & d'un parenchyme assez ferme, dans lequel on discernoit facilement des cavitez ou conduits, estoit partagé en deux lobes dont le droit paroissoit quelque peu plus grand que le gauche.

Le Ventricule estoit sous le foye, qui sembloit n'estre que la continuation de l'œsophage qui s'élargissoit un peu dans le ventre, le long duquel il descendoit assez droit & se recourboit seulement un peu vers le pylore où il se retressissoit, & là ces membranes devenoient fort dures. Ce qui nous fit estonner comment ce conduit si estroit & fait par une membrane si dure, pouvoit donner passage aux mousches qui estoient entieres dans les intestins ; & nous jugeasmes qu'il falloit que le pylore fust capable d'une distention pareille à celle de l'orifice interne de la matrice. Ce ventricule estoit de mesme substance & de mesme couleur que l'œsophage, l'un & l'autre estant composé de membranes blanches & non transparentes, comme estoient toutes les autres qui se trouvoient dans le ventre. L'œsophage & le ventricule, avoient ensemble la longueur de trois pouces & demy. A la sortie du pylore l'intestin s'élargissoit & devenoit plus gros que le ventricule, faisant trois replis, l'un au droit du pylore, le second au bas du ventre, où estant descendu il remontoit vers le ventricule où il faisoit le troisiéme reply, pour redescendre vers l'anus. Sa longueur estoit de sept pouces & il conservoit sa mesme grosseur jusques à son extremité. Il estoit fort noir par tout, & on voyoit des membranes dont il estoit lié, qui estoient le Mesentere, dans lesquelles on remarquoit des vaisseaux encore pleins de sang: Il y avoit mesme des fibres blanches en forme de veines lactées, & cette membrane du Mesentere qui estoit fort transparente, avoit en son milieu une partie qui s'épaississoit & devenoit opaque comme pour former le Pancreas d'Asellius, ou le Receptacle de Pecquet. Quoy qu'il fust impossible d'assembler les rameaux des vaisseaux sanguinaires épandus dans ce Mesentere, & de les conduire jusqu'à leur tronc; on en voyoit neantmoins un qui fut jugé estre celuy de la veine Porte. La veine Cave fut aussi trouvée sous le Foye, couchée sur les vertebres & pleine d'un sang fort noir.

Il n'y avoit aucune apparence de Ratte: Tous les Auteurs disent aussi que le Caméleon n'a point de Reins, mais nous trouvâmes deux chairs couchées en long de haut en bas aux deux costez de l'épine, en la region des lombes & de l'os *sacrum* que nous prismes pour les Reins. Ces chairs se separoient assez aisément de cet endroit sur lequel elles estoient attachées, pour ne pouvoir estre prises pour les muscles *Psoas*; & elles n'estoient liées fermement qu'à l'endroit ou l'extremité de l'intestin se joint au commencement de la matrice. Cette particularité a fait croire à Monsieur Gassendi que ces chairs dont il parle dans la vie de Monsieur de Peiresc, qui avoit eu la curiosité de nourrir des Caméleons, pourroient estre les Testicules. Elles estoient de la longueur d'un pouce, larges de prés de deux lignes par le milieu, & elles alloient en s'étressissant jusques au bout, faisant la figure d'une lancette. Elles avoient d'épaisseur les deux tiers d'une ligne : leur parenchyme estoit d'un rouge pâle assez solide & abbreuvé en dedans de beaucoup de serosité ; ce qui nous les fit prendre plûtost pour des Reins que pour des Testicules ; & ce qui fortifioit encore davantage cette opinion estoit une cavité qu'elles avoient chacune en leur milieu selon leur longueur, formée d'une membrane assez dure qui pouvoit passer pour le bassinet du Rein. Malphigius a observé de pareils conduits dans les reins des oyseaux, que neantmoins Harvæus dit estre solides & sans aucune cavité.

La Matrice ou Portiere estoit un conduit qui aboutissoit à l'anus : Ce conduit ou col de la Matrice estoit situé sur ces chairs que nous croyós estre les Reins, & sous l'extremité de l'intestin comme aux oyseaux, & tout au contraire qu'il n'est d'ordinaire aux autres animaux où l'intestin est sur l'os sacrum, & la vessie au dessus du col de la Matrice. Cette Matrice estoit comme aux brutes composée de deux cornes qui sortoient de son col & s'alongeoient jusqu'à la longueur de trois pouces & demy, & retournoient au mesme endroit, faisant comme deux anses quand on les tiroit de dedans la region des Iles où elles où elles estoient pliées: Elles n'avoient pas plus d'une ligne de large, & quelquefois moins en plusieurs endroits où elles s'étressissoient faisant comme des nœuds: Mais nous ne trouvasmes point d'œufs, ny dans leur cavité, ny dans les membranes d'alentour qui sont ce que l'on appelle l'*Ovarium*.

La pluspart de toutes ces parties, à sçavoir, le Foye, le Ventricule & les Intestins, estoient soustenus & suspendus par une forte membrane ou ligament, qui en maniere d'un Mediastin descendoit de la region du Cartilage xiphoïde jusqu'au bas du ventre. Il y avoit aussi de pareilles membranes qui du mesme endroit du Cartilage xiphoïde s'écartoient à droit & à gauche, qui estoient ce qu'Harvæus prend pour le Diaphragme aux oyseaux, & que Fabricius nie estre un Diaphragme, parce qu'elles ne sont point musculeuses: Et en effet, ces membranes estoient transparentes n'ayant rien de charnu; elles estoient seulement doubles & jointes à plusieurs autres diversement figurées, comme il apparut lors qu'ayant fait souffler dãs l'Aspere Artere, tous les deux grands vuides qui restoient à droit & à gauche des visceres suspendus au milieu, s'emplirent soudainement par l'enflure de ces membranes, qui ne se discernoient point avant que l'on eust soufflé, & cette enflure n'emplit pas seulement ces cavitez, mais elle jetta dehors de costé & d'autre des productions en maniere de vessie de carpe branchuës, les unes de la grosseur & de la longueur du doigt, les autres plus petites qui sortoient d'autres productions plus grosses qui servoient comme de tronc aux autres. Au milieu de ces deux grands amas de differentes productions de vessies qui representoient le Poumon droit & le Poumon gauche, il s'élevoit encore une vessie unique qui sembloit tenir lieu du petit lobe, qui se trouve en beaucoup d'animaux au milieu de la poitrine dans la cavité du Mediastin. Ces membranes ainsi estenduës par le vent estoient blanches & un peu transparentes & paroissoient fort delicates; mais elles estoient fortifiées par des fibres entrelacées en maniere de reseau. Quand on cessoit de souffler, toutes ces membranes retombant & se colant les unes aux autres faisoient disparoistre toutes ces vessies, qui en effet ne sont autre chose que des productions du Poumon.

Gesner dit que des entrailles du Caméleon, il n'y a que les Poumons qui sont visibles: Mais Aristote a remarqué avec plus de verité que les animaux à quatre pieds qui font des œufs, ont un Poumon qui ne se voit presque point, si on ne souffle dedans pour l'enfler. En effet, tout ce qui paroissoit à la place où doit estre le poumon, n'estoit avant qu'il fust enflé, que comme deux petites chairs de couleur de rose de la grosseur d'une febve situées de chaque costé du Cœur ; ce qui a fait dire à Panarolus, que le Caméleon a les Poumons fort petits : Mais ces petites chairs n'estoient pas tout le Poumon, elles ne pouvoient passer que pour les mébranes du haut du Poumon pliées & ramassées, qui en cét endroit estoiét semées de petites éminences rouges, lesquelles lors que le vent dilatoit ces membranes, paroissoient dispersées sur l'estendue de leur superficie, & lors que les membranes s'abatoient, ces petites éminences rouges se r'approchant l'une contre l'autre faisoient cette apparence de chair, qui n'est point une substance spongieuse, comme veut Panarolus, mais seulement un amas de membranes.

L'Aspere Artere estoit fort courte, composée de Cartilages annulaires à l'ordinaire. Elle avoit un Larynx à son origine, composé comme de deux Epiglottes qui fermoient l'ouverture, faisant une espece de Glotte, qui estoit une fente transversale & non droite comme elle est aux animaux qui ont quelque espece de voix, dont nostre Caméleon estoit entierement privé.

Le Cœur estoit assez petit n'ayant pas plus de trois lignes de long, il auroit esté fort aigu, n'estoit que sa pointe paroissoit comme couppée. Les Oreilles du Cœur estoient fort grãdes principalement la gauche, & un peu plus rouges que le Cœur qui estoit assez pasle : les vaisseaux d'autour du Cœur estoient fort pleins de sang.

Le Cerveau se trouva si petit qu'il n'avoit guere plus d'une ligne de diametre, & n'estoit pas deux fois plus large que la Moëlle de l'Epine qui estoit fort blanche, le cerveau estant d'un gris rougeastre.

Les nerfs Optiques n'estoient point si courts que le Cerveau leur fust continu & attaché aux yeux, ainsi qu'Aristote les décrit: Ils n'estoient point aussi comme Panarolus les represente, qui dit qu'ils sortent separément du Cerveau, mais qu'ils ne se rejoignent point: Car il y avoit deux éminences au Cerveau qui estoient les origines des nerfs Optiques, & ces éminences apres s'estre jointes, se separoient en deux filets longs chacun de huit lignes, qui s'inseroient dans le globe de l'œil hors son axe à l'ordinaire. Ce globe estoit couvert d'une Conjonctive, au dessous de laquelle estoit l'insertion des muscles de l'œil qui n'estoient point des fibres, comme dit Panarolus, ny des petites poulies, comme Jonston veut, mais de la veritable chair musculeuse.

Sur toute la conjonctive estoit un muscle Orbiculaire qui colloit la paupiere sur l'œil, auquel elle estoit adherante, en sorte qu'elle servoit à donner à la paupiere le mesme mouvement qu'à l'œil: Son action particuliere estoit de fermer le petit trou rond de la paupiere. Ce muscle estant levé on voyoit l'Iris toute entiere, que Jonston dit manquer au Caméleon: Elle estoit de couleur isabelle, bordée en son extremité interieure du petit cercle d'or dont il a déja esté parlé. La Cornée estoit fort mince, le devant de la Sclerotique fort épais & fort dur, & le derriere tres-mince, la Choroïde noire sous l'Iris & bleüastre à l'opposite dans le fond, la Retine fort épaisse & un peu rougeastre, les Humeurs toutes aqueuses, en sorte qu'on ne les pouvoit pas aisément distinguer: Le Crystallin mesme sembloit estre confondu avec les autres Humeurs.

Prés de l'endroit par où les nerfs Optiques entrent dans les Orbites, plusieurs fibres de nerfs fort déliez entroient aussi, qui passant dans le vuide qui est au milieu des deux Orbites penetroient dans un grand *Sinus* qui estoit dans l'os de la machoire superieure qui fait le museau où sont les trous des narines. Ce *Sinus* estoit plein d'une chair dure, fibreuse, & fort rouge, au travers de laquelle les conduits des narines passoient, ces conduits estant formez par une membrane jaune assez dure: Ils estoient obliques, allant depuis l'ouverture de la narine en montant dans le *Sinus*, & ils descendoient en suite dans le Palais, qui couvroit par une production membraneuse assez dure, l'extremité de chaque conduit, dans lequel nous ne trouvasmes rien qui puſt porter l'air vers quelque organe pour l'oüye.

Ariſtote a remarqué que la pluſpart des poiſſons entendent, quoy qu'ils n'ayent point de conduit pour l'oüye; mais nous n'avons trouvé ny conduit ny aucune marque dans les façons de faire de noſtre Caméleon, qui nous puſt faire croire qu'il euſt le ſens de l'oüye: en ſorte qu'il eſt vray de dire, que c'eſt un animal qui ne reçoit & qui ne rend aucun ſon.

Les nerfs qui ſont produits par la Moëlle de l'Epine ſe voyoient aſſez aiſément quand les entrailles furent oſtées: Ils ſortoient à l'ordinaire d'entre les Vertebres, & quelques-uns de ceux qui ſe devoient diſtribuër aux bras ſortoient d'entre les Vertebres ſuperieures du Thorax, parce que les Vertebres du col qui eſt fort court, n'en pouvoient pas fournir aſſez. Ils entroient dans la capacité du Thorax trois de chaque coſté, qui s'uniſſoient & en ſuite eſtant diviſez retournoient vers l'Omoplate. Ceux qui ſont deſtinez pour le mouvement des jambes entroient de meſme aux coſtez de l'os *ſacrum*, s'uniſſoient & ſe diviſoient en ſuite pour ſe diſtribuër à la Jambe. Entre chaque Coſte on en voyoit un, qui eſtant ſorty du bas de ces Vertebres au haut de laquelle la Coſte eſt articulée, traverſoit en montant obliquement vers cette coſte, & l'accompagnoit juſqu'au bout.

Ariſtote dit que le Caméleon n'a point de chair qu'aux machoires & au commencement de la queuë ; le noſtre en avoit par tout le corps, à la reſerve du bas du Thorax & du ventre, où au lieu des muſcles intercoſtaux & de ceux de l'*Abdomen*, il n'y avoit que des membranes tranſparentes, mais doubles & fibreuſes, qui furent eſtimées eſtre capables d'ayder au mouvement que les coſtes doivent avoir pour la reſpiration du Caméleon qui eſt fort lente ; le principal organe de ce mouvement des coſtes devant eſtre une chair qui deſcendoit aux deux coſtez de l'Epine proche de leur articulation, qui pouvoit eſtre le muſcle *Sacrolumbus*. Toute l'Epine, la Queuë, le haut du Thorax, les Bras & les Jambes eſtoient garnies de chairs muſculeuſes, rouges, fibreuſes, dont les tendons blancs & argentez eſtoient ſi viſibles qu'il auroit eſté fort aiſé d'en faire une Myotomie, tous ces muſcles eſtant ſans graiſſe, dont nous n'avons trouvé aucune apparence dans tout l'animal, ſi ce n'eſt qu'on prenne pour de la graiſſe quatre ou cinq petits grains ſemblables à du millet, qui eſtoient attachez aux membranes qui empliſſoient les intervalles des coſtes. Mais la petiteſſe de ce ſujet qui le rendoit facile à ſe deſſecher promptement, nous a empéchez de faire nos obſervations auſſi particulieres qu'il le merite.

La derniere obſervation que nous ayons faite,

mais qui n'eſt pas la moins conſiderable, eſt ſur ſa Lãgue, dont la ſtructure & l'uſage ſont tout-à-fait extraordinaires : Nous trouvaſmes qu'elle eſtoit composée d'une chair blanche aſſez ſolide, longue de dix lignes, large de trois, ronde & un peu applatie vers l'extremité : elle eſtoit creuſe & ouverte par le bout comme un ſac, ſemblable en quelque ſorte au bout de la trompe d'un Elephant. Cette langue eſtoit attachée à l'os Hyoïde par le moyẽ d'une eſpece de Trompe en forme de boyau, de ſix pouces de longueur, & d'une ligne de groſſeur, ayant une membrane par deſſus, & une ſubſtance nerveuſe en dedans. La membrane eſtoit couverte de taches tout du long, comme ſi elle avoit eſté imbuë en dedans d'un ſang noiraſtre extravaſé & inégalement amaſſé en pluſieurs endroits : La ſubſtance nerveuſe du milieu eſtoit ſolide & compacte, quoy que fort mollaſſe, & ne ſe diviſoit pas aiſément en filets comme les nerfs qui ſortent de la moëlle de l'Epine. Cette Trompe ſervoit à jetter la Langue qui luy eſtoit attachée en s'allongeant, & à la retirer en s'acourciſſant ; & nous avons crû que quand elle s'acourciſſoit, il falloit que la membrane qui la couvre fuſt enfilée par un ſtyle de ſubſtance cartilagineuſe, fort licé & fort poly, au bout duquel la Trompe eſtoit attachée, & ſur lequel ſa membrane ſe pliſſoit comme un bas de ſoye ſur une Jambe : car nous n'avons pû

connoiſtre

connoiſtre bien certainement comme cette Langue peut eſtre retirée autrement. Ce Style, qui eſtoit long d'un pouce, prenoit ſa naiſſance du milieu de la baſe de l'os Hyoïde, de meſme qu'il s'en trouve à la Langue de pluſieurs oyſeaux.

La Langue eſtoit ſemée de quantité de vaiſſeaux apparens à cauſe du ſang qui y eſtoit en grande abondance, ainſi que dans tout le reſte du corps: ce qui nous fit eſtonner qu'Ariſtote ait dit que le Caméleon n'a du ſang qu'autour du Cœur & des Yeux; & que la pluſpart des Modernes le mettent au rang des animaux qui ont peu de ſang.

Il y a apparence que ce n'eſt point le peu de conte que les Anciens ont fait des particularitez de cette Langue, qui les a empéchez d'en parler; & que ſi ils avoient vû à quoy le Caméleon l'employe, ils n'auroient pas pû croire qu'il ne vit que d'air. Car cette Langue luy ſert à la chaſſe des animaux dont il ſe nourrit; & c'eſt une choſe qui nous ſurprit, que la viteſſe avec laquelle nous luy viſmes darder cette Langue ſur une mouſche, & celle avec laquelle il la retira dans ſa gueule avec la mouſche, que l'on dit qu'il ne manque jamais à prendre par le moyen d'une glu naturelle qui ſuë inceſſament de cette Langue, comme nous avons obſervé, & qui s'amaſſe & s'épaiſſit dans ſa cavité, qui ne penetre point dans la Trompe à laquelle cette Langue est attachée : en sorte que pour avaler ce qu'il a collé au bout de sa Langue, il faut qu'il se fasse une espece d'action peristaltique par la Langue, dont les parties successivement jointes & pressées contre le Palais, y font couler jusques au gosier ce qui doit estre avalé. Une quantité de rides que nous vismes en travers sur l'extremité de cette Langue, nous a fait juger que cela se doit faire ainsi.

Cependant Marmol qui dit avoir vû quantité de Caméleons vivans, avec le dessein de s'éclaircir sur cet usage particulier de leur Langue, assure qu'elle ne leur sert point à prendre les insectes, & que tout ce qu'il a observé de cét Animal ne luy sçauroit faire perdre l'opinion qu'il a que sa seule nourriture est l'air & les rayons du Soleil.

Neantmoins nous luy avons trouvé le Ventricule & les Intestins remplis de mousches & de vers, apres luy en avoir vû avaller de la façon que nous venons de dire: Nous avons aussi remarqué que les excremens qu'il rendoit presque tous les jours estoient meslez de quantité de bile jaune & verd brun, & tels qu'ils sont aux animaux qui se nourrissent d'autre chose que d'air: ce que Nidermayer, Medecin du Landgrave de Hesse, qui porta en 1619. un Caméleon vivant, de Malte en Allemagne, avoit déja observé. Le nostre vuida mesme plusieurs fois des pierres de la grosseur d'un pois, qu'il n'avoit point avalées, mais qui s'estoient engendrées dans ses Intestins, ainsi que nous recônusmes apres les avoir examinées curieusement : Car on trouva que ces pierres estoient si legeres qu'estant mises dans le vinaigre distillé elles s'élevoient du fond du vaisseau quand on l'agitoit, qu'elles s'y dissolvoient, & qu'une qui s'y fendit enfermoit en son milieu la teste d'une mousche, autour de laquelle la matiere pierreuse s'estoit amassée.

Cela nous fit juger que la Lienterie que Panarolus dit estre perpetuelle au Caméleon, n'estoit point la maladie du nostre, puisque retenant les choses utiles il ne rejettoit que celles qui sont superfluës, & qui ne doivent point estre gardées. Il est bien vray qu'il rendoit des mousches qui paroissoient presque aussi entieres qu'il les avoit prises: mais on sçait que cela arrive aux Serpens, qui rejettent les animaux entiers comme il les ont avalez; & personne n'ignore que la maniere de tirer le suc nourrissier des alimens, est differente en divers animaux; que quelques-uns doivent dissoudre ce qu'ils mangent, & que pour cela ils le maschent premierement, & le reduisent en suite en liqueur dans leur estomac; que d'autres qui avalent sans mascher, ont une chaleur & des esprits assez puissans pour extraire le suc dont ils ont besoin, sans briser ce qui le contient; de mesme que l'on voit que le suc des raisins, se tire aussi bien d'un rapé où les grains demeurent entiers, que d'une cuve où ils sont écachez.

Par ces observations nous crusmes n'avoir pas moins de sujet de douter de la verité de la proposition que les Anciens avoient avancée touchant la nourriture Aërienne du Caméleon, que nous en avions eu de rejetter celle qu'ils ont establie touchant le changement de couleur qu'ils ont dit luy arriver par l'attouchement des differentes choses dont il approche, apres avoir observé qu'à la reserve de la blancheur que nostre Caméleon prit dans un linge, toutes les autres couleurs dont il se couvrit ne luy vinrent point des choses qu'il touchoit: Et il est raisonnable de croire, que la blancheur qu'il receut dans un linge froid où on le tint quelque temps caché sous un manteau, estoit un effet de la froideur qui le fait ordinairement paslir, parce que ce jour-là estoit le plus froid de tous ceux pendant lesquels nous l'avons vû.

Et afin que les Physiciens & ceux qui estudient la Morale, n'ayent point regret aux beaux sujets d'exercer leur Philosophie qu'ils croyoient avoir trouvez dans les particularitez extraordinaires que les Anciens avoient laissées par écrit sur les merveilles de la nourriture & du changement de couleur du Caméleon, nous croyons que les nouvelles obſervations du mouvement de ſes Yeux, & de celuy de ſa Langue, & de la maniere de changer de couleur ſelon ſes paſſions, ne ſont pas moins capables d'occuper leur eſprit.

Car pour faire entendre que les flatteurs manquent de candeur, & que les eſprits vains & ambitieux ſe repaiſſent de rien, il n'eſt point neceſſaire qu'il ſoit vray que le Caméleon prend toutes les couleurs horſmis la blanche, & qu'il ne ſe nourrit que de vent: Et l'on pourra trouver autant de ſujet de moraliſer, mais avec plus de verité, ſur ce que le Caméleon qui eſt ſans Oreilles & preſque ſans mouvement dans la pluſpart de ſes parties, n'a de la promptitude qu'à la Langue à qui rien n'échappe, & aux yeux qui veulent tout voir à la fois.

Les Phyſiciens auront auſſi beaucoup à travailler avant qu'ils ayent éclaircy d'où vient la neceſſité que la Nature a impoſée à tous les autres animaux de remuër les deux Yeux enſemble d'une meſme façon. Car le Caméleon fait voir que ce n'eſt point la jonction des nerfs Optiques qui fait cette neceſſité, ainſi que pluſieurs croyent. Ils auront encore aſſez de peine à dire quelle vertu pouſſe ſi loin, & retire preſque en meſme temps cette Langue, & meſme à en trouver des exemples. Car le mouvement des muſcles que l'on attribuë à la differente poſition de leurs fibres qui les fait accourcir & alonger, n'a rien de proportionné à la viteſſe du mouvement de cette Langue, ny à la grandeur de l'eſpace qu'elle parcourt. Car quand noſtre main eſt portée avec viteſſe par l'eſpace de ſept pouces, qui eſt celuy que nous avons remarqué que la Langue du Caméleon fait, l'accourciſſement des muſcles qui font remuër la main, ne va jamais gueres que juſques à la longueur de deux lignes, c'eſt à dire la quarantiéme partie de l'accourciſſement de cette Langue. Et quoy qu'il y ait quelque apparence de dire qu'elle eſt pouſſée, & s'il faut dire ainſi, comme crachée par l'effort du vent dont les Poumons ſont enflez, & qu'elle eſt retirée par le nerf qui eſt au milieu de la Trompe, qui apres avoir eſté allongé par cet effort, fait revenir en retournant à ſon premier eſtat, & retire ſoudainement la Langue; il y a cette difficulté, que cela ne ſe pourroit faire ſans beaucoup de bruit, & nous avons remarqué que cét élancement de Langue n'en produit point du tout.

Il y a encore une choſe aſſez difficile à concevoir, qui eſt ce que devient cette ſubſtance nerveuſe qui emplit le milieu de la Trompe à laquelle ſa Langue eſt attachée, & où elle ſe peut ranger lors que la Langue ſe retire dans la gueule: Car lors qu'elle y eſt, la racine de la Langue touche preſque à l'extremité du Style cartilagineux, sur lequel, supposé que la membrane de la Trompe se plisse & s'enfile comme nous avons dit, ce nerf ne peut pas estre enfilé de mesme à cause qu'il est trop solide & trop compacte : Et cette solidité empéche aussi de croire qu'il se retressisse & rentre comme en luy-mesme pour revenir de la longueur de six pouces qu'il a quand il est estendu, à celle d'une ligne à laquelle il est reduit estant racourcy.

On ne peut pas dire aussi qu'il se recourbe, comme le Col de la Tortuë lors qu'elle retire la teste dans son écaille : parce que cette courbure se fait à l'ayde de divers muscles qui plient ce Col composé de plusieurs Vertebres, & que de tels organes ne se trouvent point en la Langue du Caméleon. On peut seulement dire, que cet accourcissement a quelque rapport avec celuy des cornes d'un Limaçon, & qu'une si grande longueur est ainsi reduite presque à rien en cette Trompe, par l'augmentation de sa largeur, & par une grande dilatation causée par la puissante & soudaine rarefaction du sang noirastre & grossier qui paroist inégalement dispersé dans toute la longueur de la Trompe. Neantmoins cela n'explique point encore assez la chose; parce que si la rarefaction cause la dilatation qui fait le racourcissement, elle ne sçauroit produire en suite l'allongement dans le mesme organe; & il faut supposer que l'allongement vient de la rarefaction qui se fait dans l'une des deux parties dont cette Trompe est composée, par exemple, dans le nerf qui est au milieu, & que l'accourcissement arrive lors que la rarefaction se fait dans l'autre partie, à sçavoir dans la membrane qui est au dessus, par le moyen d'une differente situation des fibres dans l'une & dans l'autre de ces parties; ainsi qu'il y a apparence que l'allongement & l'accourcissement de la Langue des autres animaux se fait: mais la grosseur & la substance charnuë des autres Langues, sont des dispositions à faire ces actions qui manquent entierement à celle du Caméleon, quoy qu'il les fasse sans comparaison avec beaucoup plus de force; ce qui rend ce mouvement merveilleux & difficile à comprendre.

Mais sur tout le changement de couleur arrestera long-temps les curieux avant que d'en avoir découvert la cause, & de pouvoir determiner s'il se fait par Reflexion, comme Solin estime; ou par Suffusion, comme Seneque a pensé; ou par le changement des dispositions des particules qui composent sa peau, suivant la doctrine des Cartesiens. Il est pourtant vray que la Suffusion est la plus aisée à comprendre, principalement à ceux qui auront obserué que la peau du Caméleon a une couleur naturelle, qui est un gris bleüastre que l'on luy voit par l'envers quand elle est écorchée; que l'on enleve aisément

ment, grand nombre de petites pellicules de dessus chacune des éminences qui sont les seules parties de la peau qui changent de couleur, & que ces pellicules sont separées ou aisement separables les unes des autres; au lieu que celles qui composent le reste de la peau sont collées exactement ensemble. Car ces choses ayant esté remarquées, on trouvera quelque probabilité à croire que la bile, dont cét animal abonde, estant portée à la peau par le mouvement des passions, s'insinuë entre les pellicules, & que selon que la bile entre sous une pellicule plus proche ou plus éloignée de la superficie exterieure des éminences, elle les teint de jaune ou de verdastre. Car on void par experience que le jaune meslé avec le gris bleüastre fait une espece de vert; en sorte qu'il n'est pas difficile de concevoir que la mesme bile jaune répanduë sous une pellicule fort mince la fasse paroistre jaune, & qu'estant sous une peau plus épaisse elle mesle son jaune avec le gris bleüastre de cette peau, pour produire un gris verdastre, qui avec le jaune sont les deux couleurs que le Caméleon prend quand il est au Soleil où il se plaist: Car lors qu'il est émû par des choses qui l'importunent, il n'est pas inconvenient que l'humeur noire & aduste qui est dans son sang estant portée à la peau y produise les taches brunes qui y paroissent quand il se fasche, de mesme que nous voyons que nos visages deviennent rouges, jaunes ou livides selon que les humeurs qui sont naturellement de ces differentes couleurs, y sont portées. Aussi par cette mesme raison, lors que par un mouvement contraire les humeurs dont la peau est naturellement imbuë rentrent dans les vaisseaux, ou se dissipent en sorte que d'autres ne succedent point en leur place, la peau devient blanche par la separation des pellicules qui composent les petites éminences; cette blancheur leur arrivant de mesme qu'à nostre epiderme, lors qu'estant deseché & separé par petites lames dans la maladie apellée *pityriasis* la peau blanchit extraordinairement, & semble estre frotée de farine. On pourra trouver quantité de telles raisons probables avant que d'en avoir rencontré une dont on puisse demonstrer la verité.

Mais pour finir nos Observations sur le Cameleon par quelque chose de plus solide que n'est cette Philosophie des couleurs, nous rapporterons les remarques que nous avons faites sur ses Os dont nous gardons le Squelete, où nous avons remarqué beaucoup de particularitez considerables.

Les os qui composoient le Crane, sembloient n'estre faits que pour soustenir les muscles Crotaphites qui emplissoient toute la teste, tant au dessus qu'en dedans, d'une chair blanchastre &

fibreuse. Les trois crestes qui estoient sur la teste s'assembloient en une pointe vers le derriere, dont les deux qui couvrent les yeux comme des sourcils, laissoient de grands vuides, faisant chacune une maiere de *zygoma*. La principale cavité du Crane consistoit dans les Orbites: car celle où le Cerveau est contenu, estoit sans comparaison plus petite. Ces deux Orbites estoient couvertes l'une dans l'autre, en sorte que les yeux se touchoient en dedans, ainsi qu'il se voit en plusieurs oyseaux: Ce que Pline a fort bien décrit quand il a dit que les yeux du Caméleon sont fort grands & peu separez l'un de l'autre: car cette petite separation ne se peut pas entendre de celle qui est à la face entre chaque œil, parce qu'elle est tres-grande en tous les Caméleons; cette petite distance des yeux l'un de l'autre en la face estant propre à l'homme, de mesme que la grande est particuliere au Mouton, selon la remarque d'Aristote.

Chaque moitié de la machoire inferieure estoit composée de deux os articulez par Diarthrose, l'apophyse qui va de l'angle de la mâchoire au condyle, qui s'articule avec l'os des temples, estant un os separé.

L'Epine du dos, comprenant la queuë, auoit soixante & quatorze vertebres, deux au col, dixhuit au thorax, deux aux lombes, deux à l'os *sacrum*, & cinquante à la queuë. La premiere du col estoit la seule qui avoit son apophyse épineuse tournée en haut, & qui contre l'ordinaire estoit receuë des deux costez : Toutes les autres avoient dans leur corps une cavité dans la partie superieure qui recevoit, & dans l'inferieure une teste qui estoit receuë, & qui faisoit une espece de ginglyme. Toutes en general avoient leurs sept apophyses, excepté les vertebres de la queuë qui en avoient huit, à sçavoir deux épineuses, une plus grande, & une autre dessous fort petite, avec les deux transverses & les quatre obliques, par le moyen desquelles toutes les vertebres estoient articulées, les apophyses obliques superieures d'une vertebre passant sur les inferieures de la vertebre qui est au dessus de soy.

Les Costes que Gesner met au nombre de seize estoient dix-huit de chaque costé, & de trois especes. Les deux premieres d'enhaut n'alloient point jusqu'au *sternum*, non plus que les trois dernieres d'enbas: La troisiéme, la quatriéme, la cinquiéme & la sixiéme y estoient jointes, par des appendices qui n'estoient point cartilagineuses, mais de mesme substance que les costes: Et ces deux sortes de costes estoient jointes ensemble par un angle qu'elles faisoient, l'une descendant en bas, & l'autre remontant vers le *sternum*. Les dix autres costes n'estoient point attachées au *sternum*, mais chacune estoit jointe à celle qui luy est opposée, par l'extremité d'une appendice commune, & qui alloit de la coste droite à la gauche, apres s'estre courbée au milieu de la poitrine & du ventre. Le *sternum* estoit composé de quatre os, dont le premier estoit fort large & fait en forme de trefle.

Les Omoplates estoient si longues qu'elles alloient depuis l'épine du dos jusques au *sternum*, auquel elles se joignoient servant de Clavicules. Les os Innominez estoient joints par les os *pubis* à l'ordinaire ; mais l'*ischium* n'estoit point fermement articulé au *sacrum* par le moyen d'un cartilage : c'estoit l'os des Iles qui y estoit attaché par un ligament lasche. Les os Innominez faisoient un trou par devant de chaque costé, mais qui estoit formé en partie par l'os *pubis*, & en partie par l'*ischium*.

L'*Humerus* qui s'articuloit avec l'Omoplate par ginglyme ainsi que le *Femur* l'est ordinairement avec le *Tibia*, avoit une apophyse proche de sa teste pareille à un *Trochanter* ; & le *Femur* qui s'articuloit avec l'*Ischium* par énarthrose, n'avoit point de Trochanters.

Les Jambes tant de devant que de derriere estoient pareilles, estant composées chacune de deux os qui ressembloient mieux à un *Radius* & à un *Cubitus* qu'à un *Peroné* & à un *Tibia*, parce qu'ils estoient articulez tous deux au *Femur* aussi bien qu'à l'*Humerus*, & qu'ils estoient capables l'un & l'autre de faire la Pronation & la Supination.

Les Pieds & les Mains, ou plustost les quatre Mains, estoient aussi pareilles & ne differoient qu'en ce que les pieds de devant avoient comme un Carpe composé de douze petits os, & ceux de derriere avoient quelque chose qui ressembloit mieux à un Tarse, parce que les os estoient plus grands que ceux qui sembloient faire le Carpe: Il n'y en avoit pourtant point qui eust assez de saillie en arriere pour former un Talon; ce qui pourroit estre une des causes qui rendent le marcher du Caméleon si tardif. Ces os du Tarse estoient au nombre de six. Il n'y avoit ny Metacarpe ny Metatarse; si ce n'est que l'on voulust apeller ainsi les deux premieres phalanges des doigts, parce qu'elles estoient jointes ensemble comme les os du Metacarpe & du Metatarse sont ordinairement, n'y ayant que les dernieres phalanges qui fussent separées & qui parussent des doigts. Il y avoit encore cette difference entre les pieds & les mains, qu'aux pieds la partie qui a trois doigts estoit articulée au droit du plus gros os des deux qui font la jambe; & au contraire aux mains elle estoit opposée au plus petit de ceux dont le bras est composé.

Pour ce qui est de l'experience des vertus incroyables que la superstition des Anciens a attribuées au Caméleon, & dont Pline dit que Democrite a fait un Livre entier, elles sont si extravagantes au jugement mesme de Pline, que nous nous sommes rapportez à ce qu'il en pense : & sans éprouver si nous pourrions exciter des tempestes avec sa teste, ou gagner des procez avec sa langue, ou arrester des rivieres avec sa queuë, & faire les autres merveilles que l'on dit que Democrite a laissées par écrit ; nous nous sommes contentez de faire les experiences qui sembloient avoir quelque probabilité, estant fondées sur la sympathie & sur l'antipathie, telle qu'est celle que Solin dit estre entre le Corbeau & le Caméleon : la verité est qu'un Corbeau donna quelques coups de bec à nostre Caméleon, quand on le luy presenta, mais il ne mourut point, comme dit cét Autheur qu'il fait incontinent apres avoir mangé de sa chair : On luy en donna de plusieurs parties, & le cœur mesme qu'il avala sans en estre incommodé. On fit aussi monter le Caméleon sur un figuier sauvage, où Pline dit qu'il prend des forces qui le rendent furieux : Nous sçavions bien que cela avoit déja esté trouvé faux par Claimondus qui estime qu'il y a faute dans le texte de Pline, & qu'il faut lire *circà Capricornum* au lieu de *circà Caprificum*, pour dire que le Caméleon est moins lent & paresseux vers le Solstice d'hyver ; ce qui toutefois est sans apparence, estant plus probable que la vapeur qui sort du figuier sauvage soit capable de donner de la vigueur au Cameleon, que la froideur de l'hyver: mais nous ne laissasmes pas d'en faire l'experience parce qu'elle estoit fort aisée, & nous ne reconnusmes en effet aucun changement dans ses façons de faire; car il demeura toujours dans sa froideur & dans sa tranquilité ordinaire.

FIN.

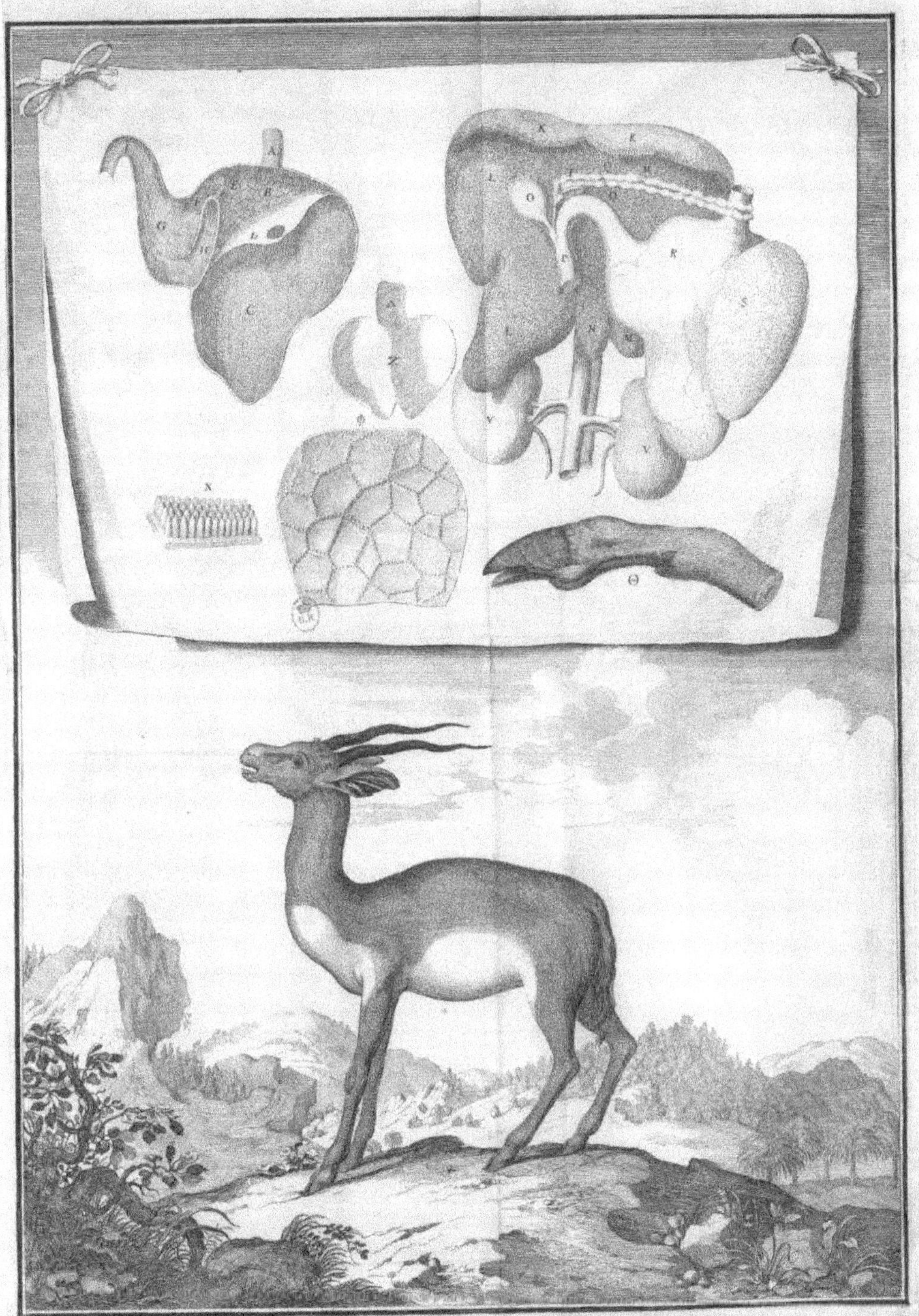
X
Φ
Θ

EXPLICATION DE LA FIGVRE du Caméleon.

IL est representé vivant, perché sur un arbre un peu penché vers le costé qu'il montre, afin de faire voir le dessus de la teste & le dessous du ventre autant qu'il est possible.

Dans les parties que la Dissection peut faire connoistre

A est la Vesicule du Fiel.
B le lobe gauche du Foye.
CC le droit.
D l'OEsophage.
E le Ventricule.
F le Pylore.
G le canal Cholidoque.
H la veine Porte.
I la veine Cave.
KKK les Intestins.
LM une membrane qui tenoit toutes ces parties liées ensemble & suspenduës.
N le premier os du *sternum*.
O le lobe gauche du Foye.
P la partie superieure du Poumon enflée & semée de taches rouges.
QQQ le reste du Poumon enflé.
R l'aspre Artere liée pour tenir le Poumon enflé.
SS l'Os Hyoïde.
T le Style cartilagineux auquel la Trompe qui soûtient la langue est attachée.
VV la Trompe.
XX la Langue.
Y la Trompe racourcie.
ZZ les Reins.
ΓΓ les cornes de la Matrice.
Δ le col de la Matrice.
ΚΚ l'Intestin.
ΘΘ les Yeux.
ΛΛ les nerfs Optiques.
Π le Cerveau.

On n'a pas crû que le Squelete eût besoin d'explication à cause de la netteté de la figure & de l'exactitude avec laquelle il est écrit dans le Discours.

LE CASTOR.

IL estoit d'autant plus necessaire de remarquer exactement toutes les parties du Castor, que l'on n'en a point fait jusqu'icy de description exacte; les Anciens n'ayant presque rien dit de cét Animal, & les Modernes s'estant plus arrestez à parler de son naturel, qu'à examiner la structure de son corps.

Celuy qu'on a dissequé à la Bibliotheque du Roy avoit esté pris en Canada aux environs de la riviere de S. Laurent. Il ressembloit à une Loutre; mais il estoit plus grand & plus gros, & pesoit plus de trente livres. Sa longueur estoit d'environ trois pieds & demy depuis le bout du museau jusqu'à l'extremité de la queuë; & sa plus grande largeur, de prés de douze pouces.

Le poil, qui couvroit tout son corps à la reserve de la queuë, n'estoit pas par tout semblable: mais il y en avoit de deux sortes, qui estoient meslées ensemble & qui differoient en longueur aussi bien qu'en couleur. Le plus grand estoit long d'un pouce & demy ou environ , & gros comme des cheveux ; sa couleur étoit brune, tirant un peu sur le minime, mais fort luisante ; & sa substance estoit ferme & si solide que l'ayant coupé de travers on n'y pût appercevoir aucune cavité , mesmes avec le microscope. Le plus court n'avoit qu'environ un pouce de longueur : Il y en avoit beaucoup plus que de l'autre ; il paroissoit aussi plus delié ; & il estoit si doux que le duvet le plus fin ne l'est pas davantage. Le mélange de ces deux sortes de poils si differens se trouve en beaucoup d'Animaux ; mais il est plus remarquable dans le Castor, dans la Loutre & dans le Sanglier ; & il semble qu'il leur est aussi plus necessaire. Car ces Animaux estant sujets à se traisner dans la fange ; outre le poil court que la Nature leur a donné pour les deffendre du froid , ils avoient besoin d'un autre poil plus long pour recevoir la bouë & l'empescher de penetrer jusqu'à la peau.

Sa Teste avoit cinq pouces & demy de longueur depuis le bout du museau jusqu'au derriere de l'occiput , & cinq pouces de largeur à l'endroit des os qui font l'éminence des jouës. Ses oreilles ressembloient à celles d'une Loutre : Elles estoient rondes & fort courtes , revestuës de poil par dehors , & presque sans poil par dedans.

On dit que cét Animal se plaist fort à ronger les arbres, & qu'il les coupe pour se faire des loges ; & en effet ses dents estoient faites d'une maniere tres-propre à cela. Il en avoit à l'extremité du museau quatre incisives, deux en chaque machoire, de mesme que les Escurieux, les Rats, & les autres Animaux qui aiment à ronger. La longueur de celles d'embas estoit de plus d'un pouce ; mais celles d'enhaut n'avoient qu'environ dix lignes, & se glissoient au dedans des autres ne leur estant pas directement opposées. Pour ce qui est de leur figure, elles estoient demy rondes par devant, & fort tranchantes par le bout, qui estoit taillé en biseau de dedans en dehors. Leur couleur estoit blanche en dedans; & en dehors, d'un rouge clair tirant sur le jaune, presque comme celle du saffran bastard. Les unes & les autres estoient larges d'environ deux lignes à la sortie de la machoire, & de plus d'une ligne à leur extremité. Outre ces dents incisives, il y en avoit seize molaires, c'est à dire huit de chaque costé, quatre en bas & quatre en haut : Elles estoient directement opposées les unes aux autres, & n'avoient rien de particulier.

Pour ce qui est des Yeux, nous ne les pûmes pas examiner, parce que les Rats, ou quelques Animaux semblables les avoient mangez.

La structure des pieds estoit fort extraordinaire, & faisoit assez voir que la Nature a destiné cét Animal à vivre dans l'eau aussi bien que sur la terre. Car quoy qu'il eust quatre pieds, comme les animaux terrestres ; neantmoins ceux de derriere sembloient plus propres à nager qu'à marcher, les cinq doigts dont ils estoient composez estant joints ensemble, comme ceux d'un Oye, par une membrane qui sert à cét Animal pour nager. Mais ceux de devant estoient faits autrement ; car il n'y avoit point de membrane qui tint les doigts joints ensemble ; & cela estoit necessaire pour la commodité de cét Animal qui s'en sert comme de mains pour manger, de mesme que les Escurieux. En effet la proportion de ces doigts, leur situation, & la figure de la paume rendent ces Pattes tout à fait semblables à des mains ; & quand Mathiole dit qu'elles sont differentes des mains d'un Singe, il fait bien voir qu'il a confondu le Castor avec la Loutre, qui a les doigts des pieds de devant garnis de peaux comme ceux de derriere : ce qu'il a peut-estre inferé de ce que dit Pline, que le Castor est entierement semblable à la Loutre, à la reserve de la queuë. La longueur des pieds de devant estoit de trois pouces depuis le talon jusqu'à l'extremité du plus grand doigt : ceux de derriere estoient plus longs & avoient six pouces depuis l'extremité du talon jusqu'au plus long qui estoit le second des doigts. Outre ces cinq doigts qui estoient tous garnis par le bout d'ongles taillez de biais & creux par dedans comme des plumes à écrire, il y avoit en la partie externe de chaque pied de devant & de derriere un petit os qui faisoit une éminence & qu'on auroit pû prendre pour un sixiéme doigt, si il eust esté separé du pied; mais comme il ne l'estoit pas, il semble qu'il ne servoit qu'à donner au pied plus de force & plus d'assiette.

La Queuë est principalement ce qui a fait mettre le Castor au nombre des Amphibies: Car elle n'a aucun rapport avec le reste du corps, & semble plus tenir de la nature des Poissons que de celle des Animaux terrestres. Elle estoit couverte d'un épiderme composé d'écailles qu'une pellicule joignoit ensemble. Ces écailles estoient de l'épaisseur d'un parchemin, longues au plus d'une ligne & demie, & pour la plusspart, d'une figure hexagone irreguliere. Celles du dessus de la queuë estoient fort peu differentes de celles du dessous; si ce n'est qu'entre quelques-unes de celles du dessous il sortoit tantost un, tantost deux, & quelquefois trois petits poils qui estoient tournez de haut en bas & n'avoient qu'environ deux lignes de longueur. Pour ce qui est de la couleur, elles étoient d'un gris brun un peu ardoisé; mais dans les jointures l'épiderme paroissoit d'une couleur un peu plus obscure. Quand on a couroyé la peau de ce Castor, les écailles de la Queuë sont tombées, mais leur figure y est demeurée emprainte; & cette partie de la peau où estoient les écailles est devenuë fort blanche & d'une substance semblable à celle d'un Poisson tel que pourroit estre le Marsoüin ou le Renard-marin. Aussi en dissequant la Queuë nous trouvasmes que la chair en estoit assez grasse, & qu'elle avoit beaucoup de conformité avec celle des gros Poissons.

Au reste la grandeur & la figure de cette Queuë estoient tres-remarquables. Elle avoit environ onze pouces de longueur, & à la racine elle n'estoit large que de quatre pouces: De là elle alloit en augmentant insensiblement de costé & d'autre jusqu'à son milieu, où elle avoit cinq pouces; & en suitte elle diminuoit toûjours jusqu'au bout, où elle se terminoit en ovale. Au contraire elle estoit plus épaisse vers sa racine qu'en tout le reste de sa longueur: Car elle avoit en cét endroit prés de deux pouces d'épaisseur, & diminuoit peu à peu vers l'autre bout; de sorte que dans son milieu elle n'avoit pas plus d'un pouce d'épaisseur, & se trouvoit reduite à cinq lignes & demie en son extremité. Les bords de sa circonference estoient ronds & assez épais, quoy qu'ils fussent beaucoup plus minces que le milieu.

L'ouverture

L'ouverture par où cet Animal rend ses excremens, estoit située entre la Queüe & les Os-pubis, environ deux pouces plus haut que le commencement de la Queuë, & trois pouces & demy plus bas que ces Os. Elle estoit de figure ovale, longue d'environ neuf lignes, & large de sept. La peau d'alentour estoit noirastre & sans poil, & elle se resserroit & se dilatoit aisément non pas par un sphincter comme l'anus des autres animaux, mais simplement comme une fente. Cette Ouverture estoit commune à la sortie de l'urine aussi bien qu'à celle des autres excremens : Car outre que l'anus ou l'extremité du Rectum y aboutissoit, on voyoit paroistre un peu au dessus, dans la partie anterieure, l'extremité de la Verge de cet Animal.

Nous remarquasmes aux parties laterales du dedans de cette Ouverture commune, deux petites cavitez, une de chaque costé, où nous voulusmes introduire le stylet : Mais nous ne pusmes le faire passer du dedans de l'Ouverture vers le dehors ; & à travers la peau du dehors nous sentismes deux eminences que nous reconnusmes en suitte estre les poches ou vessies qui contiennent le Castoreum : Et comme c'est ce qu'il y a de plus remarquable dans cet Animal, nous les examinasmes avec une exactitude particuliere.

Les Naturalistes en ont parlé diversement. Quelques uns assurent que le Castoreum est enfermé dans les Testicules du Castor ; & Elian dit mesmes que cet Animal connoissant que les hommes ne le poursuivent que pour avoir cette liqueur si utile dans la Medecine, arrache ses Testicules lorsqu'il se voit pressé par les Chasseurs, & les leur abandonne comme pour sa rançon : D'autres tiennent que le Castoreum ne se trouve pas dans les Testicules du Castor, mais dans des poches particulierement destinées pour recevoir cette liqueur.

Pour nous éclaircir de la verité, nous dépoüillasmes nostre Castor de sa peau ; & apres l'avoir levée, nous découvrismes à l'endroit où nous avions remarqué ces eminences, quatre grandes Poches situées au bas des Os-pubis. Les deux premieres étoient placées au milieu, & plus élevées que les deux autres : Elles representoient toutes deux ensemble une forme de cœur, dont le haut estoit environ un pouce au dessous des Os-pubis, & les costez apres s'estre étendus circulairement s'approchoient pour se reünir en la partie superieure de l'Ouverture commune. La plus grande largeur de ces deux Poches prises ensemble, estoit d'un peu plus de deux pouces ; & la longueur depuis le haut de chacune jusqu'à l'Ouverture commune estoit aussi d'environ deux pouces. Elles paroiſſoient exterieurement d'une couleur cendrée, & rayées de plusieurs lignes blanchaſtres de la figure de celles qu'on voit aux truffes. Leur tunique externe eſtoit ſans rides ny replis, & paroiſſoit claire & tranſparente ; de ſorte que ſa couleur ſembloit eſtre empruntée de la tunique qui eſtoit au deſſous. Et en effet ayant ouvert une de ces Poches, nous trouvaſmes que la tunique interne eſtoit d'une couleur cendrée ; que de plus elle eſtoit charnuë, & qu'elle avoit au dedans pluſieurs replis ſemblables à ceux de la Caillette d'un Mouton, entre leſquels nous trouvaſmes les reſtes d'une matiere griſaſtre qui avoit une odeur fetide, & qui y eſtoit ſi fort attachée qu'il ſembloit qu'elle en fiſt partie. Ces replis s'étendoient dans toutes les deux Poches, qui avoient communication l'une avec l'autre par une ouverture de plus d'un pouce, & n'étoient ſeparées que par le fond.

Au bas de ces premieres Poches il y en avoit deux autres, l'une à droit & l'autre à gauche, chacune deſquelles avoit la figure d'une poire un peu applattie ou d'une longue amande verte. Elles eſtoient longues chacune de deux pouces & demy, & larges de dix lignes. Leur plus grande largeur eſtoit vers l'extrémité la plus éloignée de l'Ouverture commune des excremens, & venoit aboutir aux parties laterales de cette Ouverture. De la maniere que ces deux Poches étoient situées, elles formoient conjointement avec l'Ouverture commune la figure d'un V fort ouvert, du dedans duquel les deux premieres Poches s'élevoient en forme de cœur, comme nous avons dit.

Ces deux poches inferieures estoient assez étroitement jointes avec les superieures aux environs de l'Ouverture commune; & il y a de l'apparence que la matiere du Castoreum ayant commencé à se preparer dans les deux Poches superieures, passe dans les deux autres pour s'y perfectionner, & pour acquerir plus de consistence, plus d'onctuosité, plus d'odeur, & mesmes une couleur plus jaunâtre qui ne paroissoit que tres-peu dans les Poches superieures. Aussi la structure de ces Poches estoit fort differente. Il sembloit que les inferieures fussent composées de glandes, de mesme que les reins des jeunes animaux : Car en leur surface exterieure il y avoit un grand nombre de petits corps ronds, un peu élevez, & d'une grandeur differente, les plus grands n'excedant pas une moyenne lentille. Ils estoient tous recouverts de la membrane qui enveloppoit exterieurement toutes les grandes Poches, laquelle n'est autre chose qu'une continuation de la membrane commune des muscles.

Ayant ouvert plusieurs de ces petits corps glanduleux, nous trouvasmes qu'ils estoient composez d'une chair spongieuse de couleur blanchastre tirant sur le rouge, & qu'ils avoient tous une cavité considerable, de sorte qu'il sembloit que ce fussent autant de petites poches: mais il n'y avoit point de liqueur au dedans, ny aucune autre substance remarquable.

Comme nous jugeasmes au toucher qu'il y avoit quelque liqueur dans les Poches dont ces petits corps faisoient une partie de la surface; nous en ouvrismes une par le fond, conservant celle de l'autre costé pour en garder la liqueur. Il sortit de cette ouverture une liqueur d'odeur desagreable, jaune comme du miel, onctueuse comme de la graisse fonduë, & combustible comme de la terebentine, car elle prenoit feu estant exposée à la flamme d'une bougie. Nous voulûmes voir si en pressant il ne se feroit point un reflux de cette humeur dans les Poches superieures ou dans l'ouverture commune des excremens; mais ny l'un ny l'autre n'arriva.

Ayant en suite vuidé la liqueur de cette seconde Poche, nous apperceusmes qu'en sa partie inferieure il y avoit une troisiême Poche longue d'environ quatorze lignes & large de six, qui estoit encore pleine de liqueur, & tellement attachée à la membrane de la seconde Poche qu'on ne l'en put separer. Elle alloit aboutir en pointe à la partie laterale de l'Ouverture commune ; mais nous n'apperceusmes point qu'il y eust aucune issuë dans les cavitez dont nous avons parlé en décrivant cette Ouverture : car nous n'en pusmes rien faire sortir par là. Il y avoit en la surface externe de la troisiéme Poche , de petits corps glanduleux semblables à ceux que nous avions remarquez en la seconde. Nous trouvâmes dans cette troisiéme Poche un suc plus jaune, plus liquide & mieux élabouré que dans les autres : Il avoit aussi une odeur differente , & il ressembloit assez à un jaune d'œuf, mais sa couleur estoit un peu plus pasle.

Quoy qu'on ne se soit proposé dans ce discours que de parler de ce qu'on a remarqué dans la dissection du Castor ; il ne sera pas hors de propos de rapporter ce qu'on a depuis peu écrit de Canada touchant le Castoreum. On mande que les Castors se servent de cette liqueur pour se donner de l'appetit lorsqu'ils sont dégoutez ; qu'ils la font sortir , en pressant avec la patte les vesicules qui la contiennent ; & que les Sauvages en frottent les pieges qu'ils tendent à ces animaux , afin de les y attirer.

Mais pour revenir aux Poches qui contiennent le Castoreum , on voit par la description exacte que nous en venons de faire , que ce ne sont pas les Testicules du Castor comme se sont imaginé plusieurs Naturalistes , dont l'erreur paroiſtra encore plus évidemment par ce que nous dirons cy-aprés de ces Teſticules.

Sextius, au rapport de Pline, ſe mocquoit de ceux qui croyoient que le Caſtor s'arrache les Teſticules lorſqu'il eſt pourſuivy par les Chaſſeurs, & diſoit que cela eſt impoſſible, parce que cét Animal a les Teſticules attachez à l'épine du dos. Mais il refutoit une erreur par une autre. Car comme a fort bien remarqué Dioſcoride, les Teſticules du Caſtor ſont cachez dans les aiſnes, & non pas attachez à l'épine du Dos. Cependant Amatus Luſitanus & Mathiole, qui ont tous deux commenté Dioſcoride, & qui diſent qu'ils ont diſſequé des Caſtors en preſence de pluſieurs Medecins, aſſurent qu'ils ont trouvé ces Teſticules tellement adherents à l'épine, qu'ils ont eu bien de la peine à les en arracher avec un ſcalpel: Rondelet fait aſſez entendre, quoy qu'il ſe ſoit expliqué là-deſſus en peu de paroles, qu'il eſtoit auſſi de ce ſentiment, lorſqu'il dit que les Poches du Caſtoreum ne ſont pas les Teſticules du Caſtor, parce qu'ils ſont en dedans. L'experience nous a fait voir que ces Auteurs ſe ſont trompez. Car dans le Caſtor que nous avons diſſequé, les Teſticules n'eſtoient pas plus en dedans que les Poches; ils eſtoient ſeulement un peu plus haut, aux parties externes & laterales des Os-pubis à l'endroit des aiſnes, où nous les avons trouvez entierement cachez, en ſorte qu'ils ne paroiſſoient point au dehors non plus que la verge avant que la peau fuſt levée. Leur figure étoit aſſez ſemblable à celle des Teſticules des Chiens, ſi ce n'eſt qu'ils eſtoient plus longs & moins gros. Ils avoient un peu plus d'un pouce de longueur: leur largeur eſtoit d'un demy-pouce, & leur épaiſſeur d'un peu moins. Pour ce qui eſt de l'Epididyme & de tous les vaiſſeaux neceſſaires à la generation, ils ne differoient en rien de ceux des Chiens.

La Verge nous parut plus ſinguliere. Elle avoit en ſon extrémité au lieu de Balanus un Os long de quatorze lignes & fait en forme de ſtylet, qui eſtoit large de deux lignes dans ſa baſe, & ſe retreciſſant tout à coup, alloit aboutir en pointe. Il y avoit auſſi cela de remarquable, qu'au lieu que la Verge des Chiens remonte de l'Os-pubis vers le nombril, celle-cy deſcendoit en bas vers le trou des excremens où elle ſe terminoit. Elle étoit, comme nous avons dit, cachée, de ſorte qu'avant que d'avoir levé la peau nous ne l'appercevions point, & nous ne pouvions diſcerner de quel ſexe eſtoit cét Animal.

Pour mieux examiner ces parties, nous ouvriſmes le ventre inferieur, & ayant ſuivi les Vaiſſeaux ſpermatiques juſqu'à leur origine, nous les trouvaſmes ſemblables à ceux des

Chiens

Chiens & des autres Animaux. Nous remarquasmes aussi que la Verge estoit couchée sur le Rectum, & qu'elle passoit au dessous des deux premieres Poches du Castoreum ausquelles elle estoit étroitement attachée : que de plus ces poches recevoient leurs veines & leurs arteres des veines & des arteres hypogastriques, n'y ayant point d'apparence qu'il y ait d'autres vaisseaux qui puissent fournir la matiere dont est formé le Castoreum, si l'on ne veut s'imaginer que cela se fasse par l'Urethre, ce qui n'est pas probable.

Pour ce qui est des autres parties du bas ventre, les muscles de l'Abdomen, le Peritoine, l'Estomach, & la Vessie, n'avoient rien de remarquable ; & leur structure estoit entierement semblable à celle des Chiens.

Les Intestins estoient peu considerables, à la reserve du Cæcum qui estoit large de deux pouces & demy, & long de dix. Il estoit contre l'ordinaire rangé du costé gauche au dessous de la Ratte, d'où il descendoit jusqu'à la cavité de l'os des Iles, & s'alloit terminer en une pointe ronde, faisant une appendice de la longueur d'un pouce : ce fut ce qui nous fit distinguer cét intestin d'avec les autres. Sa figure n'étoit pas droite, mais un peu courbée, comme le fer d'une faux. Il y avoit en la partie cave de cette courbure un ligament, & un autre en la convexe, tous deux semblables à ceux qui se trouvent ordinairement au Colum des Hommes ; & ces ligamens estoient accompagnez de veines & d'arteres qui venoient des mesenteriques & envoyoient d'espace en espace leurs rameaux dans le corps de ce boyau.

Deux doigts au dessous du gros bout de la Ratte, il y avoit un petit corps spherique fort extraordinaire, qui paroissoit de mesme substance que la Ratte quoy qu'il en fust fort éloigné, & qui avoit trois lignes de diametre.

Les autres intestins estoient si peu differens entr'eux que nous ne pûmes jamais distinguer le Colum. Leur longueur estoit de prés de vingt-huit pieds. Les ayant ouverts, nous trouvâmes au dedans huit vers longs, & ronds, semblables à des vers de terre, dont il y en avoit trois de la longueur de sept à huit pouces, & le reste d'environ quatre pouces.

La Ratte estoit couchée le long du costé gauche de l'estomach, auquel elle estoit attachée par huit veines & par autant d'arteres qui faisoient autant de *vas breve*. Sa couleur estoit assez rouge, sa longueur estoit de sept pouces, & son épaisseur égaloit presque sa largeur qui estoit d'environ dix lignes.

Nous ne remarquâmes rien de particulier au Foye, si ce n'est qu'il estoit partagé en cinq lobes de la mesme couleur que les lobes du Foye des Chiens.

La Veſicule du fiel eſtoit cachée ſous la partie cave du Foye entre deux de ſes lobes. Elle avoit deux pouces & demy de longueur, & prés d'un pouce de largeur. Tout le bas ventre eſtoit inondé d'une bile épanchée, qui avoit peut-eſtre eſté la cauſe de la mort de cet Animal.

Le Pancreas n'eſtoit preſqu'en rien different de celuy des Chiens. Sa longueur eſtoit de dix pouces; mais il n'avoit pas plus de deux pouces en ſa plus grande largeur.

Quoy que ce Caſtor fuſt aſſez gras principalement par le ventre & par la queüe, neantmoins il ſe rencontra peu de graiſſe dans la tunique adipeuſe des Reins & dans l'Epiploon. Chaque Rein avoit environ un pouce d'épaiſſeur, prés de deux pouces de longueur, & autant de largeur par le milieu.

Le cartilage Xiphoïde eſtoit rond, & large de quatorze lignes; mais aſſez mince, & facile à plier.

Ayant en ſuite ouvert le Thorax nous remarquâmes peu de difference entre toutes les parties qui y eſtoient enfermées, & celles des Chiens. Les Poumons avoient ſix lobes, trois du coſté droit, deux du coſté gauche, & un autre petit qui eſtoit dans le Mediaſtin proche le centre du Diaphragme.

Ce qu'il y avoit de plus remarquable au

Cœur, eſt que l'oreille gauche eſtoit plus grande que la droite, ce qui ſe voit encore en quelques autres animaux, mais non pas dans l'homme qui a au contraire l'oreille droite du Cœur plus grande que la gauche.

Nous cherchaſmes le trou de Botalle avec d'autant plus de ſoin que pluſieurs Auteurs modernes ont aſſuré qu'il ſe trouve dans tous les animaux amphibies, & meſmes dans les hommes qui ſe plongent ſouvent & demeurent long-temps dans l'eau. Mais quelque exactitude que nous ayons apportée à en faire la recherche, nous n'avons jamais pû découvrir ce trou dans le Cœur de noſtre Caſtor. Il eſt vray que comme il avoit eſté pluſieurs années enfermé à Verſailles, ſans avoir la liberté d'aller dans l'eau, il s'eſt pû faire que ce trou ſe ſoit bouché, de meſme qu'il arrive au Fœtus lorſqu'eſtant ſorty du ventre de ſa mere il a reſpiré quelque temps: en effet il ſembloit qu'il y euſt eu autrefois en cet endroit une ouverture qui ſe fuſt depuis refermée.

Au deſſous de la veine Coronaire nous trouvaſmes la Noble valvule qui occupoit tout le corps de la veine Cave, & qui eſtoit tellement diſpoſée que le ſang pouvoit eſtre aiſément porté du Foye au Cœur par la veine Cave; mais qu'au contraire il eſtoit empéché de deſcendre du Cœur vers le Foye le long de la meſme veine.

Le Cœur estoit long de deux pouces & demy depuis la base jusqu'à la pointe ; & large de prés de deux pouces.

Dans la dissection que nous fismes du Cerveau, la figure des Sinus nous parut singuliere. Le Sinus superieur qui venoit du costé de l'os Ethmoide, divisoit le Cerveau en partie droite & en partie gauche, & s'avançoit en ligne droite jusqu'au commencement du Cervelet, où estant arrivé il se separoit en deux gros rameaux presqu'en forme d'Y grec, qui alloient à droit & à gauche diviser le grand Cerveau d'avec le Cervelet. Ces deux rameaux en produisoient quatre autres, deux de chaque côté qui en retournant vers l'occiput partageoient le Cervelet en trois parties inégales : celle du milieu qui estoit la plus grande, avoit dix lignes de longueur & cinq de largeur, & estoit faite en ovale. Les deux autres laterales avoient quatre lignes & demy de large, & six de long. Toute l'étenduë du grand Cerveau n'estoit en sa plus grande longueur depuis le nez jusqu'aux tempes, que d'un pouce & huit lignes, & d'un pouce & demy dans sa largeur.

Ayant levé tout le corps de la Dure-mere par la partie anterieure, nous n'y trouvasmes point de Faux sous le grand Sinus. Il y avoit seulement une petite cavité qui estoit formée par la rondeur du Sinus, & l'on voyoit paroistre sous les rameaux de ce Sinus des traces de semblables cavitez.

La separation du grand Cerveau d'avec le Cervelet n'estoit reconnoissable que par ces sortes de traces qui n'estoient pas profondes. Le Cervelet occupoit toute la partie posterieure de la teste : Le Cerveau n'avoit que tres peu d'anfractuositez ; & sa partie externe paroissoit plustost blanche que cendrée. Le reste du Cerveau estoit semblable à celuy des autres Animaux: Les Apophyses Mamillaires estoient assez grosses ; mais les Nerfs Optiques estoient fort petits au sortir de la substance du Cerveau, & ils s'alloient joindre ensemble d'une maniere extraordinaire à cause de la longueur de cette jonction qui estoit de sept lignes. En suitte ils se divisoient à l'ordinaire pour aller aux yeux qui n'avoient pour orbite qu'un cercle osseux.

Pour ce qui est des chairs des muscles & de tout le reste du corps, nous n'y avons rien trouvé de particulier, si ce n'est que la chair de la Queüe, comme nous avons déja remarqué, estoit differente de celle des autres parties.

FIN.

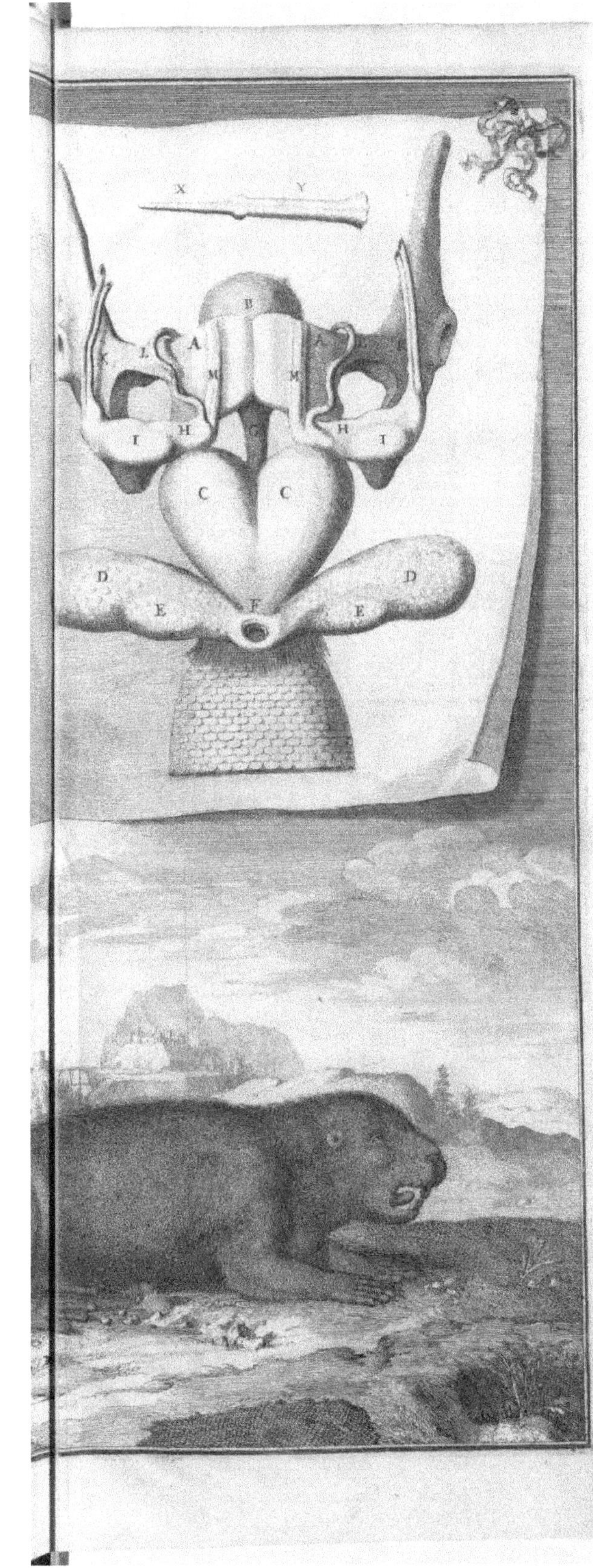

X
Y
B
A
A
K
L
L
K
M
M
H
H
G
I
I
C
C
D
D
F
E
E

N
O
O
P
Q
R
R
S
T
T
V
V
V
V

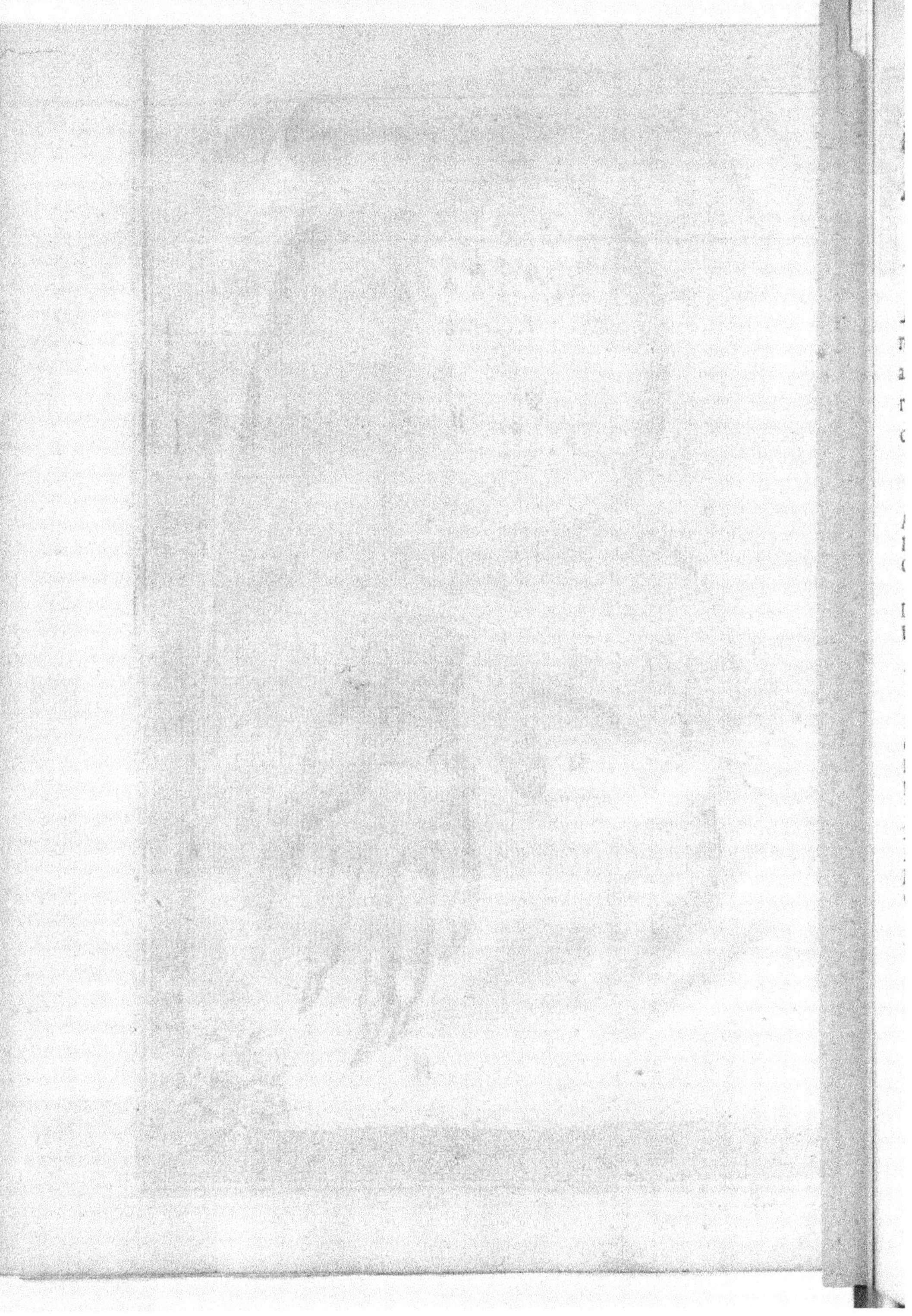

EXPLICATION DE LA FIGVRE *du Castor.*

IL est representé en bas, ayant une moitié du corps, qui est la partie de devant, sur terre, & celle de derriere dans l'eau; parce que l'on a observé pendant le temps que l'on l'a nourry qu'il aymoit à plonger souvent ses pattes de derriere & sa queuë dans l'eau.

Dans la Figure d'enhaut.

A A sont les Os Pubis.
B le fond de la Vessie.
C C les deux premieres Poches qui sont les plus grandes de celles dans lesquelles le Castoreum est preparé & contenu.
D D les deux secondes qui sont plus petites.
E E deux autres Poches qui font une troisiéme espece, & qui sont enfermées dans les secondes.
D E quantité de petits corps ronds élevez sur la superficie de la seconde & de la troisiéme espece de Poche.
F l'ouverture commune à l'Intestin & au passage de la Verge.
G le commencement de la Verge.
H H les Epididymes.
I I les Testicules.
K K les vaisseaux Spermatiques preparans.
L L les Deferans.
M M les muscles Cremasteres.
N une des Pattes de devant.
O O le Colon.
P le Cæcum.
Q le ligament qui attache le Cæcum, & le long duquel plusieurs vaisseaux se glissent & se perdent dans la membrane de cét intestin.

RR le Cerveau.

S le grand Sinus de la dure-mere.

TTTT quatre autres Sinus qui en sont produits & qui separent le Cervelet en trois.

V le Cervelet.

XY l'Os de la Verge.

LE.

LE DROMADAIRE.

NOUS appellons Dromadaire l'Animal qui est icy décrit, quoy que l'usage commun soit de donner le nom de Chameau simplement à celuy qui comme luy n'a qu'une bosse sur le dos, & de Dromadaire à celuy qui en a deux suivant Solin, mais contre ce qu'Aristote & Pline, & la pluspart des auteurs en ont écrit qui font deux especes de Chameaux, dont l'un qui retient le nom du genre, a deux bosses & se trouve plus ordinairement aux parties Orientales de l'Asie, appellé à cause de cela *Bactrianus*, & qui est plus grand & plus propre à porter de lourds fardeaux: L'autre qui est plus petit & meilleur pour la course, & qui pour cette raison est appellé Dromadaire, n'a qu'une bosse & se voit plus communement aux parties Occidentales de l'Asie à sçavoir dans la

Syrie & dans l'Arabie. Le Sieur Dipi Arabe qui estoit present à nostre dissection, nous dit que les Chameaux de son païs sont semblables au nostre dont voicy la description.

Il avoit sept pieds & demy de haut à prendre du sommet de la teste jusques aux pieds; cinq & demy depuis la plus haute courbure de l'épine du dos qui est la Bosse; six pieds & demy depuis l'estomac jusques à la queuë, dont tous les Nœuds ou Vertebres avoient ensemble quatorze pouces,& toute la queüe comprenant le crin,deux pieds & demy, la Teste avoit vingt & un pouces depuis l'Occiput jusques au museau.

Le poil estoit d'un Fauve un peu cendré: Il estoit fort doux au toucher, mediocrement court,& à peu prés comme à un Bœuf, à la reserve de quelques endroits où il est plus long,comsur la teste, au dessous de la gorge, & au devant du col. Mais le plus long estoit sur le milieu du dos où il avoit prés d'un pied. En cet endroit quoy qu'il soit fort doux & fort mol, il se tenoit élevé, en sorte qu'il faisoit la plus grande partie de la Bosse du dos, lequel lorsque l'on abaissoit ce poil avec la main, ne paroissoit gueres plus élevé qu'à d'aucuns Chiens ou Pourceaux qui sont des animaux qui n'ont pas le dos enfoncé comme les Chevaux, les Vaches & les Cerfs l'ont ordinairement: & en effet il y a des auteurs qui disent que le Dromadaire est engendré du Chameau & du Pourceau. Cela est fort contraire à Aristote qui assure qu'il n'y a point d'animal qui ait le dos bossu comme le Chameau.

Outre ces deux sortes de poil, à sçavoir ce long qui est sur le dos, sur la teste & au col, & le court qui couvre le reste du corps, il y en avoit encore d'une troisiéme espece à la Queüe qui estoit different des autres tant en grosseur qu'en couleur, estant gris & fort dur & tout à fait semblable au crin de la queüe d'un Cheval.

La Teste estoit assez petite à proportion du corps. Le Museau estoit fendu comme à un Liévre, & les dents semblables à celles des autres animaux qui ruminent, n'ayant point de canines ny d'incisives en la machoire d'enhaut, quoy que la teste n'ait point les cornes que la Nature a données à la pluspart de ceux qui ruminent. Cardan dit qu'elle a recompensé ce defaut du Chameau, en luy armant les pieds: mais cela ne se trouve point, car il n'a ny corne ny ongle aux pieds qui les puissent rendre dangereux, chaque pied n'estant garny que de deux petits ongles par le bout, & le dessous qui est plat & large estant fort charnu & revestu seulement d'une peau molle, épaisse, & peu calleuse, mais assez propre à marcher en des lieux sablonneux, tels qu'ils sont en Asie & en Afrique. Nous jugeasmes que cette peau estoit comme une semelle vivante, qui ne s'use point par la vitesse & par la continuité du marcher, pour lequel cét animal est presque infatigable : Car quand Aristote dit que l'on est contraint quelquefois de chausser & de munir comme avec des bottes les pieds de ceux qui sont dans les armées, il semble que ce soit moins pour les soulager des incommoditez qu'ils souffrent en marchant, que pour les deffendre des blessures qu'ils pourroient recevoir à la guerre : Et l'on peut dire que cette mollesse de pied qui obeït & s'accommode à l'inégalité des chemins, luy rend les pieds moins capables d'estre usez, que si ils estoient plus solides. Ses Genoux calleux sont beaucoup plus durs & approchent davantage de la solidité de la corne du pied des autres animaux.

Aristote a remarqué d'autres particularitez dans le pied du Chameau que nous n'y avons point trouvées : Il dit qu'il est fendu en deux par derriere, & en quatre par devant, & que les entredeux sont joints par une peau comme les pieds d'une Oye, ce qui ne s'est point trouvé dãs le nostre, dont le pied estoit seulement fendu par dessus, à quatre & cinq doigts prés de l'extremité, & cette fente n'estoit point jointe par une peau ; mais au dessous de cette fente, qui est peu profonde, le pied estoit solide.

Les Callositez des genoux estoient au nombre

de ſix, à ſçavoir une à chacune des jointures des jambes de devant, la premiere & la plus haute eſtant en arriere à la partie qui eſt proprement le coude, & la ſeconde en devant & plus bas à la jointure qui repreſente le ply du poignet: Chaque jambe de derriere en avoit auſſi une en la premiere & plus haute jointure, qui eſt celle de devant, & qui eſt le veritable genou.

Ariſtote qui n'a remarqué que quatre de ces calloſitez, qu'il appelle Genoux, & qui reprend ſans ſujet un ancien autheur qui eſt Herodote d'en avoir mis ſix, adjouſte encore une choſe plus eſtrange, qui eſt de dire que le Chameau ne plie ſes jambes qu'en ces quatre endroits: car la verité eſt qu'il les plie en huit endroits, comme le reſte des autres animaux à quatre pieds, & qu'il n'y a que les deux plis qui tiennent lieu de talon aux jambes de derriere, qui n'ont point de calloſitez.

Ayant fait ouverture de ces Calloſitez, pour obſerver leur ſubſtance qui eſt moyenne entre la chair, la graiſſe & le ligament, nous trouvaſmes qu'en quelques-unes il y avoit un amas de pus aſſez épais: ce qui nous fit ſonger à ce que quelques autheurs diſent, que les Chameaux ſont ſujets aux Gouttes, & nous jugeaſmes qu'il ſe pouvoit faire que noſtre Dromadaire euſt eſté atteint de cette maladie, qui s'eſtoit terminée par une suppuration.

Outre ces six Callositez, il y en avoit une septiéme beaucoup plus grosse que les autres, au bas de la poitrine, fermement attachée au *Sternum* qui avoit une eminence en cet endroit. Elle avoit huit pouces de long, six de large, & deux d'épais: Elle avoit aussi beaucoup suppuré, & on jugea que cette partie n'estoit pas moins susceptible de la Goutte que les articles, parce que son usage estant de soustenir seule tout le corps, pendant que l'on le charge estant couché contre terre, ce travail peut rendre cette partie capable de la foiblesse & de la chaleur qui attirent les humeurs sur les articles, & qui empéchent qu'ils ne les puissent digerer & resoudre. La grande Sobrieté qui est remarquable dans le Chameau, & la Fatigue incroyable qu'il souffre ordinairement, font voir que les grands Travaux peuvent produire la Goutte aussi bien que l'Oysiveté & la Débauche.

Avant que de faire ouverture pour observer les parties du dedans, nous remarquasmes que le Prepuce qui est fort grand & assez lasche, ne couvre pas seulement l'extremité de la Verge, mais qu'il se recourbe en arriere; ce qui peut avoir donné lieu à l'opinion de ceux qui ont crû que le Chameau jettoit son urine en arriere, comme le Lion, le Castor, le Liévre, &c. dont la Verge ne se recourbe point en devant.

LEs parties internes du Chameau ſont aſſez ſemblables à celles du Cheval. Le Foye avoit trois lobes, deux fort grāds, au milieu & au deſſous deſquels il y en avoit un qui eſtoit plus petit & pointu. Le ligament qui tient le Foye ſuſpendu, n'eſtoit pas attaché au Cartilage Xiphoïde, mais au centre du Diaphragme, ſur lequel la membrane du Peritoine qui le couvroit, avoit un luſtre qui le faiſoit paroiſtre comme doré par tout. Le Fiel n'eſtoit point contenu dans une Veſicule, mais épandu par le Foye, dans les canaux Cholidoques Hepatiques.

Le Ventricule qui eſtoit fort grand & partagé en quatre, comme aux autres animaux qui ruminent, n'avoit point cette differente ſtructure que l'on obſerve au dedans des quatre Ventricules, appellez par Ariſtote, Κοιλία, Εχῖνος, Κεκρύφαλος & Ηνυςρον, ils eſtoient ſeulement diſtinguez par quelques retreſſiſſemens, qui faiſoient que le premier Ventricule qui eſt grand & vaſte, en produiſoit un autre fort petit, qui eſtoit ſuivy d'un troiſiéme moins large que le premier mais beaucoup plus long; & celuy-là eſtoit ſuivy d'un quatriéme ſemblable au ſecond.

Il y avoit au haut du ſecond Ventricule pluſieurs ouvertures quarrées, qui eſtoient l'entrée d'environ vingt cavitez, faites comme des ſacs placez entre les deux membranes qui composent la substance de ce Ventricule. La veuë de ces sacs nous fit croire qu'ils pourroient bien estre les Reservoirs où Pline dit que les Chameaux gardent fort long-temps l'eau qu'ils boivent en grande quantité quand ils en rencontrent, pour subvenir aux besoins qu'ils en peuvent avoir dás les deserts arides où l'on a accoustumé de les faire passer, & où l'on dit que ceux qui les conduisent sont quelquefois contraints par l'extremité de la soif, de leur ouvrir le ventre dans lequel ils trouvent de l'eau. Il y a aussi quelque raison de dire que l'instinct qu'Aristote & Pline ont remarqué avoir esté donné par la Nature à cét animal, de troubler toûjours avec ses pieds l'eau qu'il veut boire, pourroit bien estre afin de la rendre moins legere, & par consequent moins propre à passer promptement, & plus capable d'y estre long temps gardée.

Les Intestins estoient de quatre especes. Les premiers à la sortie du quatriéme Ventricule, estoient de moyenne grosseur, ils avoient six pieds de long: Les seconds estoient comme fraisez & racourcis par plusieurs plis, comme le Colon est ordinairement divisé en plusieurs cellules; ils estoient aussi d'une grosseur moyenne, & avoient vingt pieds de long : Les troisiémes estoient les plus gros, qui avoient dix pieds de long : Les derniers qui estoient les plus menus, avoient cinquante-six pieds de long ; le tout

faisant

faiſant onze toiſes, & on en auroit trouvé plus de treize ſi on avoit déplié ceux qui eſtoient fraiſez & racourcis.

La Ratte eſtoit couchée ſur le Rein gauche: elle avoit neuf pouces de long ſur quatre de large, & demy pouce d'épaiſſeur.

La Verge, dont on dit que l'on fait des cordes d'arc, avoit dix-neuf pouces de long. Elle eſtoit fort pointuë par le bout qui ſe courboit & faiſoit comme un crochet d'une ſubſtance cartilagineuſe ſans aucune apparence de *Balanus*. L'extremité de l'Urethre eſtoit une membrane fort mince.

Les Poumons n'avoient qu'un lobe de chaque coſté.

Le Cœur eſtoit d'une grandeur extraordinaire, ayant neuf pouces de long ſur ſept de large; il eſtoit fort pointu.

La ſtructure de la Langue eſtoit aſſez remarquable, en ce qu'au contraire de toutes les Langues qui ſont par tout aſpres de dedans en dehors par le moyen de quantité de petites eminences qui tendent de dehors en dedans, une partie de cette Langue-cy les avoit de dedans en dehors. Car la moitié vers l'extremité qui eſtoit fort mince, eſtoit aſpre à l'ordinaire de dedans en dehors; mais l'autre moitié proche de la racine qui eſtoit fort épaiſſe, avoit vers le milieu un petit rond, comme un centre entre pluſieurs éminences qui couvroient toute cette seconde moitié de la Langue, & dont les pointes estoient toutes détournées de ce centre, faisant une aspreté lors que l'on les touchoit en allant vers ce centre. Parmy ces eminences il y en avoit d'autres disposées en deux rangs, en ligne droite, cinq à chaque rang, qui estoient comme des nombrils, formez par des plis tournez en rond d'une structure fort delicate.

Tout le Cerveau, comprenant le Cervelet, n'avoit que six pouces & demy de long sur quatre de large. Le Nerf Optique estoit percé suivant sa longueur de quantité de trous pleins de sang. Les Apophyses mammillaires estoient fort grandes & creuses chacune par deux conduits, dont l'un paroissoit en rond & l'autre en croissant, par la section transversale.

La Glande Pineale estoit de la grosseur d'une petite aveline, & comme composée de trois autres Glandes, qui laissoient une enfonceure au milieu.

A
B
C
D
I
K
A
O
O

T
A
O
O
L
M
F
G
H

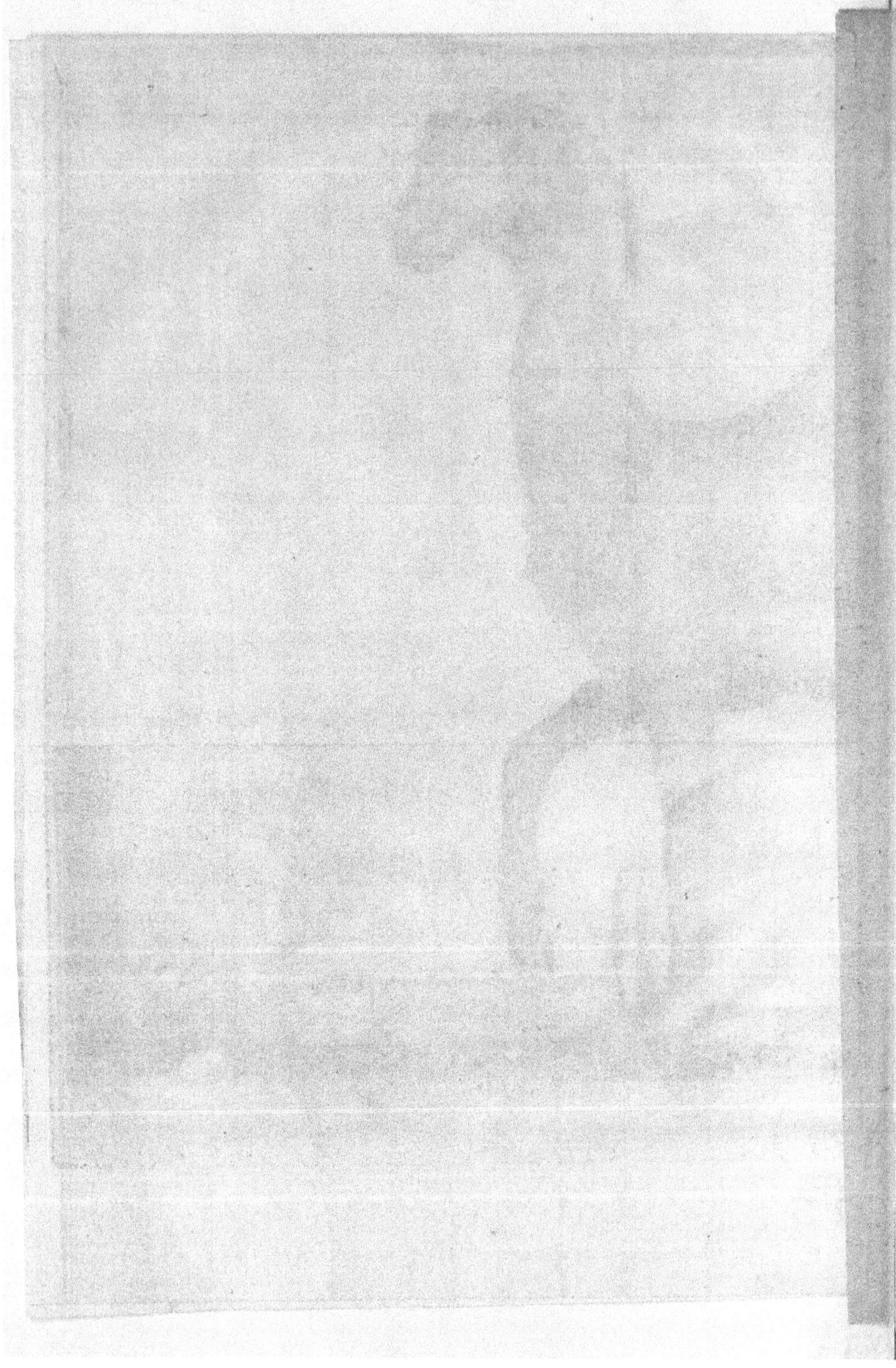

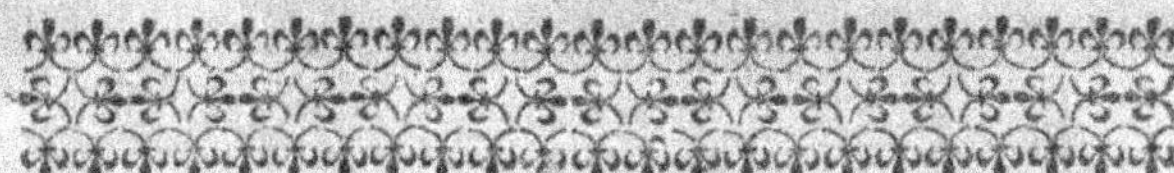

EXPLICATION DE LA FIGVRE *du Dromadaire.*

IL est representé dans la Figure d'embas en sorte que l'on peut voir les quatre especes de callositez qui sont aux parties sur lesquelles il s'appuye quand il est couché ; à sçavoir les deux callositez des jambes de devant, celle de la cuisse, & celle de la poitrine: Ses pieds sont aussi levez en sorte qu'ils laissent voir une partie de la plante.

Dans la Figure d'enhaut.

A est le premier & le plus grand des quatre Ventricules.
Γ l'œsophage.
B le second Ventricule.
C le troisiéme.
D le quatriéme.
Δ le Pylore.
E F G H la Langue.
H G la partie qui est aspre de dedans en dehors à cause de quantité de petites eminences pointuës.
E F celle qui a de plus grandes eminences tournées du mesme sens que les petites.
E G Celle qui a aussi de grandes eminences, mais qui sont tournées à l'opposite des petites.
E le centre des grandes eminences.
I la Glande Pineale.
K le dessous du pied qui est solide & revestu d'une peau assez molle & delicate.

L le dessus qui est un peu fendu.

M la Verge.

N l'ouverture qui est le passage du premier & grand Ventricule dans le second.

O O O O le second Ventricule coupé en quatre.

P P P P les ouvertures des sacs qui sont entre les tuniques du second Ventricule.

L'OURS.

LA grandeur & l'épaisseur du poil dans lequel tout le corps de l'Ours est caché de telle sorte qu'il ne semble estre qu'une masse qui n'a presque aucune apparence d'animal, la fait appeller avec raison *Informe* par Virgile : Mais il n'y a personne qui ne le trouve tout-à-fait *Difforme*, lors que la peau luy estant ostée sa veritable figure se peut voir sans empeschement. Cette Difformité, de mesme que celle du Singe qui est estimé la plus laide de toutes les bestes, est fondée sur la Ressemblance mal prise, qu'ils ont l'un & l'autre avec le plus beau de tous les animaux, par la regle generale & toûjours veritable, que la Depravation des choses les plus parfaites est la pire.

Ce qui rend le corps de l'homme admirable, selon l'opinion de Galien, est la structure des Pieds & des Mains, laquelle distingue son corps d'auec celuy des autres animaux, de mesme que le Raisonnement fait la difference des ames. Cette Structure est tout-à-fait extravagante dans l'Ours, en ce qu'ayant quelque chose qui approche en apparence de ce qui fait la perfection de ces organes, il se trouve qu'en effet ce qui est le plus important dans leur conformation, est depravé ou manque tout-à-fait dans l'Ours. Galien remarque deux choses qui sont principalement necessaires pour la commodité de l'usage de ces parties, à sçavoir dans la Main que ses cinq doigts soient generalement divisez en deux parties, y en ayant quatre joints ensemble qui sont comme d'une mesme espece, & un cinquiéme à part, qui en est ainsi separé pour servir à l'action principale de la main qui est de Prendre; & dans le pied, qu'il soit composé du Talon d'une-part, & des cinq doigts qui luy sont opposez de l'autre, comme les quatre de la Main sont opposez au poulce, pour rendre le marcher plus asseuré, & plus ferme par la differente application de ces deux parties à la figure des choses sur lesquelles on marche.

Pline qui a parlé de la ressemblanee que les Pieds & les Mains de l'Ours ont avec ces parties de l'homme, ne l'a pas bien entenduë la faisant consister dans la position des coudes & des genoux qu'il dit estre au Singe & en l'Ours comme en l'homme, & au contraire des autres animaux qui ont les genoux en arriere & les coudes en devant. Car la verité eſt que tous les animaux ont ces parties tournées d'une meſme façon, quoy qu'en diſe Ariſtote; & que ce qui fait que l'on y trouue de la difference, vient de ce que l'on prẽd aux brutes les Talons pour les Genoux, & le Poignet pour le Coude; parce que l'os qui fait le Talon de l'homme, eſt tellement allongé aux brutes qu'il eſt pris pour la Jambe, & que le Poignet qui en l'homme eſt composé d'un amas de huit petits os preſque ronds, que l'on appelle le Carpe, a dans la pluſpart des brutes un de ces os fort long & que l'on prend pour la Jambe de devant, quoy qu'il ne ſoit proprement qu'un des os du Carpe. De ſorte que les Jambes & les Bras de l'Ours ſont ſeulement en cela comme en l'homme qu'ils ſont charnus, quoy qu'Ariſtote diſe qu'il n'y a que l'homme qui les ait ainſi; que l'os du Talon eſt court, & qu'il forme une partie de la plante du pied; qu'il y a cinq Orteils amaſſez enſemble & oppoſez au Talon; & que ſa main a auſſi les os du Carpe preſque égaux & ramaſſez comme nous : Mais il n'a point en ſa main de Pouce ſeparé des quatre autres doigts, & le plus gros des cinq qui composent la Main, & qui n'a que cette groſſeur qui le puiſſe faire paſſer pour un Pouce, eſt placé tout au contraire qu'en l'homme, eſtant au dehors & à la place du petit doigt, de meſme qu'au pied où le plus gros Orteil eſt auſſi en dehors. Pour ce qui eſt du pied il ne pose point d'ordinaire sur le Talon, qui à cause de cela est couvert de poil de mesme que la jambe, & n'a point les callositez ny ce genre de peau particuliere qui munit la plante du pied, & qui marque les endroits sur lesquels il pose en marchant. Au contraire, sa Main a comme un Talon, cette callosité qui est en la paume de la main estant interrompuë par la peau peluë, pour recommencer un peu plus haut une autre callosité. Enfin les doigts de la main sont aussi tres-mal formez & mal propres pour leurs usages, estant gros, courts & serrez l'un contre l'autre comme aux pieds.

La substance de ces parties n'est pas moins particuliere ny moins remarquable que leur structure. Pline & Plutarque rapportent que c'est un manger excellent; & Michaël Herus dit qu'en Allemagne elles sont encore à present reservées pour la table des Princes, à qui on sert des pattes d'Ours salées & enfumées. Nous remarquasmes que cette substance bonne à manger doit estre un ligament graisseux, fort blanc & fort delicat, épais environ de deux doigts, qui occupe le dedans des pieds & des mains, & on peut douter, si il n'y a point d'apparence qu'il puisse sortir quelqu'humidité de cette partie, qui ait donné lieu à Ælian & à Pline, de dire que l'Ours vit quarante jours en lechant seulement son pied droit.

Les Ongles de noſtre Ours eſtoient attachez à la derniere Phalange des doigts de la meſme maniere qu'au Lion, ayant par la ſtructure particuliere de cet article, que nous avons décrit dans le Lion, la faculté de tenir ſes Ongles élevez en marchant pour en conſerver les pointes: mais il paroiſſoit que noſtre Ours avoit negligé de ſe ſervir de cette faculté, parce que ſes ongles eſtoient uſez juſques à prés de la moitié. Ils eſtoient noirs & bien moins grands qu'au Lion, à ce que l'on pouvoit juger par ce qui en reſtoit. La maniere dont ces Ongles eſtoient uſez, faiſoit voir que leur ſubſtance eſt bien differente de celle du Lion. Car dans celuy que nous avons diſſequé les ongles eſtoient auſſi quelque peu uſez en une patte, mais de la meſme ſorte que du bois fibreux ſeroit uſé; au lieu que ceux de l'Ours l'eſtoient comme du fer; c'eſt à dire, que les ongles du Lion ſont compoſez de fibres ſeparables, à cauſe qu'ils ſont d'une ſubſtance heterogene, & que les ongles de l'Ours ſont d'une ſubſtance plus égale & plus compacte.

Les Dents eſtoient ſemblables à celles du Lion, ſi ce n'eſt qu'elles eſtoient beaucoup plus petites: c'eſt pourquoy on dit qu'il n'employe que ſes pattes pour rompre les filets & pour déchirer les toiles des Chaſſeurs, parce que la groſſeur & l'épaiſſeur de ſes levres l'empeſche de ſe ſervir de ſes dents. Ces levres ont auſſi une figure assez extraordinaire, celles d'embas estant repliées & découppées au droit des deux coins en forme d'une creste de Cocq.

La longueur de tout le Corps estoit depuis le bout du museau jusques à l'extremité des orteils, de huict pieds trois pouces; de cinq pieds & demy jusques au commencement de la queuë qui estoit de cinq pouces; & d'un pied cinq pouces jusques à l'occiput, qui estoit plat & faisoit un angle avec les os du sinciput au droit de la suture lamdoïde, au milieu de laquelle aboutissoit une creste élevée comme celle d'un casque, mais beaucoup moins haute qu'au Lion, & d'où le muscle Crotaphite, qui couvroit pareillement la teste, prenoit aussi son origine, estant toutefois beaucoup moins charnu.

Le Thorax estoit plus large qu'au Lion, & aussi fort long, estant composé de quatorze costes. Le col n'estoit pas court à proportion de sa largeur comme au Pourceau, ainsi que disent les auteurs; car il n'avoit que sept pouces de large sur neuf de long: la grande épaisseur du poil qui environne & qui élargit ce col, est ce qui le fait paroistre court.

L'Os de la cuisse estoit plus long à proportion qu'il n'est ordinairement aux brutes, & il estoit articulé avec celuy de la jambe par le moyen d'une Rotule, que quelques auteurs disent ne se trouver qu'en l'homme.

La peau qui estoit fort dure & fort épaisse sur le dos, fut trouvée mince & delicate sous le ventre. Le poil estoit bien moins rude qu'au Lion & qu'au Sanglier, tenant en quelque façon de la laine; plus crespé qu'en la Chévre; & beaucoup moins qu'au Mouton.

Pour ce qui est des parties du dedans du corps, l'Epiploon estoit assez grand, mais fort maigre, de mesme que tout le reste du corps, qui n'avoit ny dehors ny dedans aucune graisse; ce qui devoit estre un effet de la maladie dont il estoit mort, la constitution naturelle de l'animal estant d'estre fort gras, & l'hyver estant la saison en laquelle il s'engraisse davantage.

Le Foye estoit fort grand, & divisé en sept lobes dont il y en avoit un bien plus petit que les autres: La Vesicule du Fiel n'estoit pas la moitié si grande qu'au Lion; il y avoit pourtant beaucoup de bile épanchée sur les membranes des parties d'alentour.

L'Oesophage qui n'avoit pas plus de quatorze lignes de diametre & ne s'élargissoit point vers l'orifice superieur du Ventricule, estoit fort charnu en dehors jusques au Ventricule, lequel estoit extraordinairement petit, quoy qu'en disent les auteurs, qui parce que l'Ours est grand mangeur, luy donnent un grand Ventricule: En nostre sujet il n'avoit pas un pied de long, & sa plus grande largeur qui estoit vers le haut, n'estoit que de six pouces, & de deux & demy vers le milieu où il se retressissoit pour s'élargir en un second Ventricule d'environ trois pouces & demy, qui se relevoit vers le Pylore. Le fond de l'un & de l'autre Ventricule estoit dur & épais de trois lignes, & de cinq vers le Pylore, qui estoit encore plus dur: Sa membrane interne n'estoit pas égale comme elle est ordinairement, à la reserve de cette legere aspreté que l'on appelle le Velouté; mais elle estoit en quelque façon semblable à celle du Ventricule des animaux qui ruminent, à cause de plusieurs eminences pareilles à celles qui font le *Reticulum* & l'*Echinos*, si ce n'est que ces eminences n'avoient pas dans leur figure la regularité qui se voit aux animaux qui ruminent.

A l'égard des Intestins on peut dire qu'il n'y en avoit qu'un seul, parce qu'on n'y voyoit point la distinction qui se remarque en la pluspart des animaux, par la difference de leur couleur, de leur substance & de leur grosseur: Il n'y avoit aussi aucune apparence de *Cæcum* ny de son appendice, non plus que de replis ny de cellules au Colon. Ils avoient en tout quarante pieds de long: ceux du Lion n'en avoient que vingt-cinq. Cette uniformité d'Intestins peut avoir esté cause de faire mettre à Theodorus Gaza, dans la traduction du texte d'Aristote, où il est parlé des

Inteſtins de l'Ours, le ſingulier *Inteſtinum* pour le plurier ἔντερα; & il y a apparence que cette particularité eſtoit inconnuë à Scaliger, quand il a repris Theodorus d'avoir pris cette liberté.

La Ratte eſtoit petite & mince n'ayant pas plus de ſix pouces de long ſur deux de large, & moins d'un pouce d'épaiſſeur.

La ſtructure des Reins nous ſembla tout-à-fait particuliere: Leur figure eſtoit fort longue; ils avoient cinq pouces & demy de long ſur deux & demy de large. La membrane adipeuſe, qui eſtoit ſans graiſſe, ayant eſté oſtée, on trouva une autre membrane fort dure & fort épaiſſe, qui n'eſtoit point la membrane propre attachée au Parenchyme, mais une membrane qui comme un ſac contenoit cinquante-ſix petits Reins, car on peut ainſi appeller autant de Parenchymes ſeparez actuellement les uns des autres, couverts de leur membrane propre, & liez quelquefois enſemble par des fibres & par des membranes fort déliées qui eſtoient produites de celle qui les enveloppe tous en maniere de ſac. Cette connexion eſtoit principalement des petits Reins qui ſont en la partie cave de tout cét amas de Reins; car vers la partie Gibbe ils n'eſtoient point liez enſemble.

La figure de chaque petit Rein eſtoit d'avoir une baze large en dehors, & de s'étreſſir vers le dedans de tout le Rein où ils eſtoient attachez comme les grains d'une grappe de raisin. Cette baze estoit en d'aucuns Hexagone, en la pluspart Pentagone, en quelques-uns quarrée. Ils estoient aussi differens en grosseur; mais en la plus grande partie la grosseur estoit d'une moyenne chastaigne, en quelques-uns, d'une petite noisette. Cét amas representoit assez bien une pomme de Pin quand elle est meure.

Chacun de ces petits Reins estoit attaché comme par une queüe composée de trois sortes de vaisseaux qui sont les rameaux des deux Emulgentes & de l'Uretere lesquels entroient par la pointe du petit Rein, qui faisoit une enfonceure pour les recevoir de mesme qu'une pomme reçoit sa queüe, à la maniere ordinaire des grands Reins. Ces rameaux estoient disposez en sorte que celuy de l'Artere estoit au milieu de celuy de la Veine & de celuy de l'Uretere : Car les troncs de la Veine & de l'Artere emulgente, qui ne sont pas plus gros qu'une plume à écrire, se divisoient chacun en deux rameaux, & en suite en plusieurs autres, jusques à en fournir un à chaque petit Rein, quoy qu'il y en eust quelquefois deux qui sembloient estre attachez comme à une seule queüe : mais cela paroissoit ainsi à cause que les deux rameaux qui les attachoient entroient dans le petit Rein immediatement apres la division. Ces rameaux penetroient peu avant, & se perdoient dans le

Parenchyme, en sorte que la cavité notable que le vaisseau avoit hors le petit Rein ne paroissoit plus, soit que cela arrivast par la division presque infinie & par consequent imperceptible, qui se fait en de petits rameaux qui se dispersent par le Parenchyme, comme Laurentius Bellinus estime qu'il arrive aux emulgentes des Reins de l'homme; soit qu'en effet ces vaisseaux ne passent pas plus avant, suivant l'opinion d'Higmorus, & que la substance spongieuse du Parenchyme boive & filtre à l'abord le sang de l'Artere, pour le rendre à la Veine pur & separé de sa serosité, qui coule par les Mammelons dans les Bassinets de l'Uretere, de mesme que le petit lait, lors que le fromage se caille, laisse la partie butyreuse & passe au travers de la caséeuse; & de mesme que la lessive qui est versée au haut du cuvier, sort par le trou d'en bas apres avoir penetré le linge, sans qu'il y ait aucuns canaux qui l'y conduisent.

La conformation de l'Uretere estoit differente de celle des vaisseaux emulgens: Car quelque peu apres son entrée dans la membrane, qui comme un sac enfermoit tous les petits Reins, il s'élargissoit, & sa grosseur qui estoit d'une plume à écrire venoit à égaler celle d'un doigt. Il se divisoit en suite en deux rameaux de cette mesme grosseur, lesquels en produisoient d'autres moindres qui en fournissoient un plus petit à chaque petit Rein. Ce dernier rameau surpassoit pourtant en grosseur les rameaux des Emulgens qui entroient avec luy dâs le petit Rein, & il passoit plus avant & jusques à prés de la moitié, auquel lieu il se divisoit en deux, & quelquefois en trois branches: Chacune de ces branches s'élargissoit un peu, & formoit en son extremité un Bassinet qui estoit presque remply d'une Caruncule en forme de Mammelon, & à costé de cette Caruncule le Bassinet paroissoit percé de trois ou quatre trous qui n'estoient que des sinuositez formées par la membrane du Bassinet, laquelle se replioit en dedans faisant comme d'autres plus petits Bassinets capables de recevoir seulement la teste d'une épingle. Ces Mammelons, qui n'avoient que la grosseur d'un grain de blé, égaloient par leur nombre celle des Mammelons des Reins de Bœuf, qui sont gros comme le bout du doigt, mais qui ne sont qu'au nombre de neuf ou dix, au lieu qu'il y en avoit plus de cent en chacun des Reins de nostre Ours: Et il semble que Bartolin n'avoit pas examiné cela quâd il a écrit que le Rein de l'Ours est semblable à ceux du Bœuf, des enfans nouveaux nez, & d'un Marsoüyn qu'il a dissequé en presence du Roy de Dannemarc: Car ces Reins dont parle Bartolin, & ausquels il compare ceux de l'Ours, ont seulement des fentes en leur superficie, qui les font paroistre à l'abord semblables

à ceux

à ceux de l'Ours, quoy qu'en effet ils n'ayent qu'un Parenchyme ſeul & continu, ces fentes ne penetrant que fort peu avant; au lieu que les cinquante-ſix petits Reins de l'Ours eſtoient actuellement diviſez & avoient chacun toutes les parties dont les grands Reins ſont compoſez.

Il faut auſſi que ceux qui, comme Pline, ont dit que la Verge de l'Ours, ſi toſt qu'il eſt mort, s'endurcit comme de la corne, n'ayent pas bien examiné la choſe, & qu'ils n'ayent eu ny la hardieſſe de s'éclaircir quelle eſt la Verge de l'Ours pendant qu'il eſt vivant, ny la curioſité d'en faire la diſſection apres ſa mort: Car ils auroient trouvé que cette dureté eſt naturelle à cette partie en l'Ours, de meſme qu'au Chien, au Loup, à l'Ecurieu, à la Belette, & à pluſieurs autres animaux qui ont un os à l'extremité de la Verge, comme Ariſtote remarque. Celuy de noſtre Ours eſtoit long de cinq pouces & demy, gros de quatre lignes vers les os pubis dont il eſtoit éloigné de cinq pouces, & un peu courbé en forme d'une S Romaine.

Le Poumon avoit cinq lobes, trois au coſté droit, & deux au gauche. Les deux ſuperieurs du coſté droit eſtoient fort grands: le troiſiéme, qui eſtoit moyen, eſtoit partagé en ſon extremité en trois pointes: Les deux lobes du costé gauche estoient fort tumefiez ; le superieur qui paroissoit blanchastre estoit enflé de quantité de vent ; dans l'inferieur il se trouva un corps estrange de la grosseur des deux poings , semblable à une éponge trempée dans de l'encre.

Le Cœur qui avoit six pouces de long sur quatre de large, estoit fort solide par sa pointe, dont la chair avoit un pouce d'épaisseur: cette pointe estoit mousse & non pas aiguë comme au Lion.

L'Aspre Artere avoit tous ses anneaux imparfaits , & non pas entiers comme au Lion qui fut dissequé l'année passée : mais ces Anneaux dans nostre Ours estoient beaucoup plus larges qu'au Lion , ayant plus de cinq pouces de tour.

La langue estoit large & mince comme au Chat & au Chien , & garnie par dessus de ses petites pointes charnuës sans aucune aspreté.

Le Crane n'estoit point si fragile que disent les auteurs : il fut trouvé fort dur sous la scie ; il est bien vray qu'il n'avoit que la moitié de l'épaisseur de celuy du Lion , que nous avons trouvé de six lignes à l'endroit le plus mince. L'Os qui s'avance en dedans , & qui separe le grand Cerveau du petit, estoit aussi plus mince & d'une figure plus irreguliere qu'au Lion.

Le Cerveau en recompense estoit quatre fois plus grand, ayant quatre pouces de long & autant de profondeur,ſur trois de large;au lieu que le Lion n'en avoit que deux en tous ſens. La glande Pineale eſtoit fort petite & preſque imperceptible comme au Lion.

L'Oeil eſtoit recouvert d'une paupiere interne qui commençoit au grand coin, tendant un peu vers le bas ; il eſtoit eſtrangement petit : Son globe n'avoit pas plus de cinq lignes de diametre, & eſtoit plus petit que celuy d'un Chat. Le Cryſtallin avoit une figure preſque ſpherique, & celuy de l'œil gauche eſtoit gaſté par un *Glaucoma* qui l'avoit rendu blanc & tout-à-fait opaque. Sa ſituation eſtoit auſſi fort extraordinaire, n'eſtant pas placé au droit de l'ouverture de l'Uvée, mais tiré à coſté hors de l'axe de l'Oeil,en ſorte qu'avant la diſſection cét Oeil paroiſſoit avoir une Cataracte abaiſſée: & cela eſtoit cauſé par la contraction des fibres du ligament Ciliaire d'un coſté, & par le relaſchement de celles de l'autre : ce qui ſembloit eſtre fait pour laiſſer un paſſage libre aux eſpeces viſuelles au travers des deux autres humeurs; cette diſtorſion du Cryſtallin eſtant vray-ſemblablement faite de la meſme maniere que l'on la voit arriver aux yeux des enfans,qui ayant eſté long-temps couchez en un endroit où ils ne peuvent regarder la lumiere qu'obliquement, deviennent louches par une diſpoſition que les muſcles de l'œil contractent par habitude, &

qui change celle qui leur est naturelle, par l'alongement des uns & l'accourcissement des autres. Cela pourroit faire croire que ces fibres du ligament Ciliaire sont capables d'une contraction & d'une dilatation volontaire & necessaire à la vision.

L'extrême maigreur où estoit cét animal nous a osté le moyen de faire une experience sur sa graisse, & de nous éclaircir de la verité de ce qu'Aristote, Theophraste & Pline en rapportent, à sçavoir qu'estant gardée pendant l'hyver, elle augmente de grosseur & de poids manifestement : ce qui estant verifié confirmeroit l'opinion que l'on a, que l'Ours est de tous les animaux celuy dans lequel la faculté de croistre est plus puissante, puisqu'estant au commencement de sa vie presque le plus petit de tous; car au rapport d'Aristote & de Pline, il n'est guere plus gros qu'une Souris; il devient cependant un des plus grands; & que bien qu'il ait esté nourry assez long temps du laict d'une mere qui ne mange rien, s'il est vray, comme dit Aristote, que l'Ourse fait ses petits lors qu'elle est preste de s'enfermer dans sa caverne, où elle demeure quarante jours sans manger, & qu'en suite ainsi tous les ans l'Ours demeure un long espace sans prendre de nourriture, il ne laisse pas de croistre si puissamment qu'au rapport d'Albert, sa croissance ainsi qu'au Crocodile, dure pendant tout le cours de sa vie, & continuë mesme encore apres sa mort, si ce que les anciens ont écrit de sa graisse est veritable.

La consideration de ces particularitez jointe à nos observations, nous a fait juger que le temperament de l'Ours qui selon Aristote est souverainement humide, doit estre entendu d'une humidité propre à la vie, qui est celle qui ne se desseiche pas aisément, & qui est l'effect, non de la crudité telle qu'est l'humidité superfluë des excremens, mais de la perfection de la Coction causée par la bonté du temperament des parties, qui sont capables de convertir aisément toute sorte de nourriture en un bon suc, & d'en assimiler & changer en leur propre substance ou en dissiper la plus grande partie, par l'employ qu'elles en font utilement pour l'exercice de leurs fonctions.

Les marques que nos observations nous ont fournies dans l'Ours de cette perfection de Temperament, sont en premier lieu, Qu'un animal qui mange indifferemment de toutes sortes de viandes comme l'Ours, & qui digere avec une mesme facilité les chairs cruës, le poisson, les cancres, les insectes, les herbes, les fruicts des arbres, les legumes & le miel; & cela dans un estomac fort petit, & des Intestins estroits, & entre lesquels il ne se trouve point de *Cæcum*, doit avoir une merveilleuſe puiſſance pour la coction, puis qu'elle eſt capable de ſuppleer par la bonté du Temperament, ce qui manque à la commodité de la ſtructure qui ſe voit dans les autres animaux, qui pour digerer beaucoup de nourriture la gardent long-temps dans de grands receptacles, & la conduiſent par beaucoup de replis & d'anfractuoſitez, comme nous avons obſervé dans le Chameau dont les Inteſtins ont plus d'onze toiſes de long.

En ſecond lieu le peu de capacité qui ſe trouve dans ſon Foye & dans ſa Ratte pour recevoir les excremens, marque auſſi que l'action de la chaleur naturelle eſt ſi bien reglée qu'elle n'eſt pas ſujette aux defauts ny aux excés, par leſquels la nourriture eſtant ou bruſlée ou cuite ſeulement à demy, le ſang qui en eſt engendré a beſoin d'eſtre purgé de quantité de parties qui ſont incapables de nourrir le corps. Car pour ce qui eſt du grand nombre des Reins, quand meſme la Nature l'auroit fait pour evacuer une plus grande quantité de ſeroſitez, l'abondance de cét excrement ne devroit point eſtre eſtimée une marque de la foibleſſe de la chaleur, & de l'imperfection de la coction; mais pluſtoſt un effet du peu de tranſpiration inſenſible qui ſe fait dans l'Ours à cauſe de l'épaiſſeur de l'habitude de ſon corps qui n'y eſt pas favorable.

En troiſiéme lieu cette faculté ſi puiſſante

qu'il a de croistre, est la marque d'une humidité bien parfaite, puis qu'elle rend les parties capables de s'estendre & d'augmenter tellement leur grandeur sans rien diminuër de leurs forces. Les conjectures que nous avons tirées de nos Observations, pour rendre croyable cette petitesse si extraordinaire dans la naissance & dans la premiere conformation de l'Ours, sont fondées sur la petitesse de ses yeux, par la raison que les yeux dés le commencement que la formation est apparente, sont ordinairement si gros à proportion du reste du corps, que chaque œil surpasse la grosseur de tout le reste de la teste, de mesme que la teste surpasse de beaucoup la grandeur du reste du corps : de sorte que supposant, comme il est raisonnable, que les yeux de l'Ours estoient dans la premiere conformation aussi gros à proportion du reste du corps qu'ils ont accoustumé d'estre, il est aisé de juger par la petitesse qu'ils ont quand l'Ours est parvenu à sa croissance, quelle estoit la petitesse de tout son corps dans la premiere formation; ou bien il faudroit supposer une chose qui n'est pas croyable, à sçavoir que ses yeux ne sont pas crus à proportion du reste du corps, comme ils font aux autres animaux.

FIN.

EXPLICATION DE LA FIGVRE de l'Ours.

DAns la Figure d'embas l'Ours est represen-té en deux manieres; à sçavoir, avec sa peau d'un costé, & sans peau de l'autre; pour faire voir plus distinctement la forme de son corps qui est remarquable principalement en ses jambes de derriere.

Dans la Figure d'enhaut.

A B C est la Patte droite de devant.
B un petit Doigt qui est à la place du Pouce.
A un gros Doigt qui est à la place du petit.
G une Callosité au Poignet qui fait comme un Talon.
D E F la Patte droite de derriere.
E un petit Orteil qui est à la place du gros.
D un gros Orteil qui est à la place du petit.
F le Talon couvert de poil.
H I les deux Ventricules.
H l'Oesophage.
I le Pylore.
K L le Rein droit.
M M l'Uretere.
N N la Veine emulgente.
O O l'Artere emulgente.
P Q le mesme Rein retourné de l'autre costé, & dont une partie des petits Reins a esté ostée pour faire voir au dedans la distribution des vaisseaux Emulgens & des Ureteres.
R S T T un des petits Reins couppé par la moitié.
R l'Artere emulgente d'un des petits Reins.
S la Veine emulgente d'un des petits Reins.
T T l'Uretere d'un des petits Reins couppé en deux selon sa longueur.
V V les Mammelons.
Y Y Y Y les moitiez des Bassinets.
X X de petits Sinus qui sont dans les Bassinets à costé des Mammelons.

LA GA-

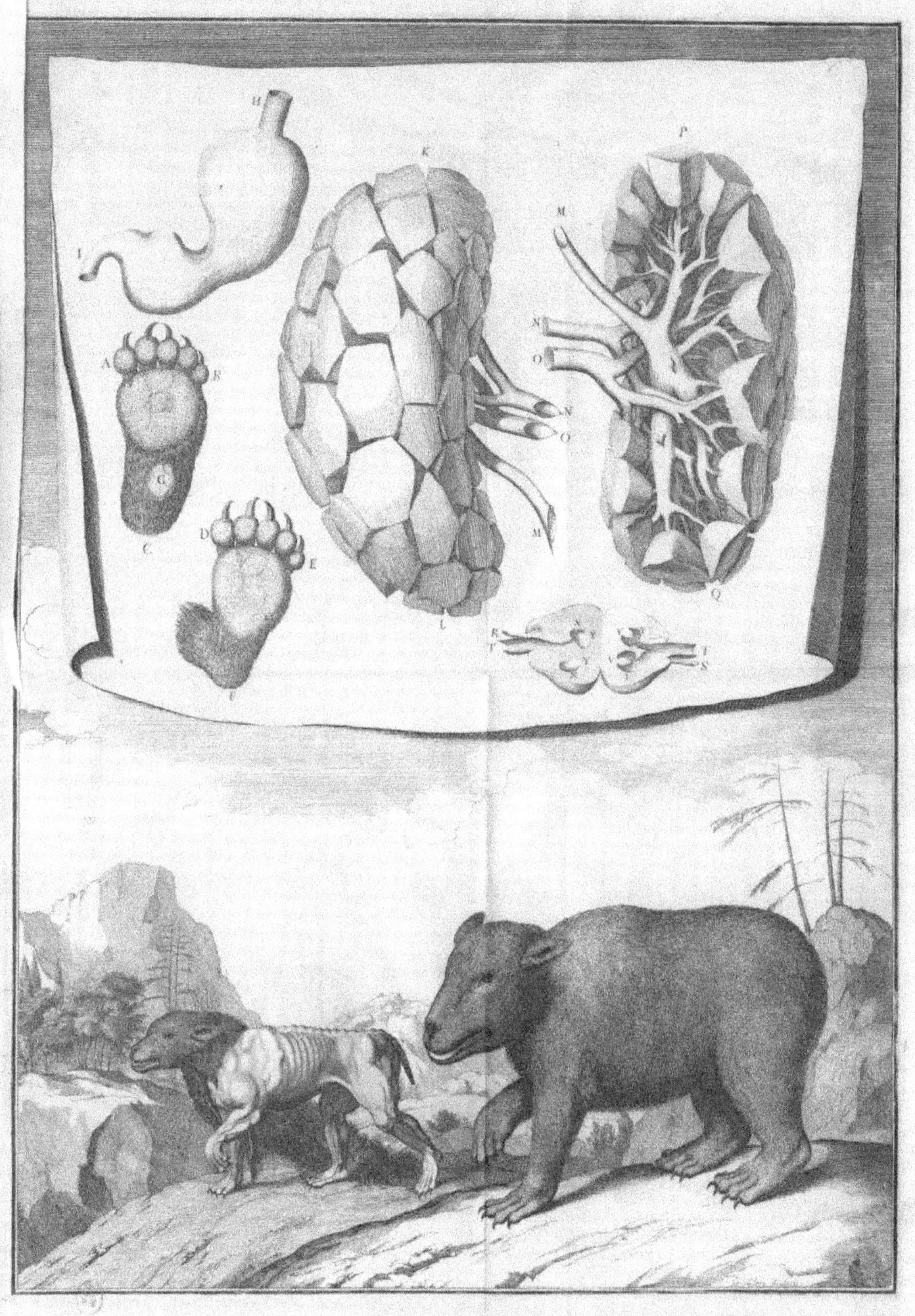

LA GAZELLE.

LA Gazelle dont nous faisons la description estoit la plus grande & la plus âgée de quatre que nous avons dissequées pendant cette année. C'estoit, ainsi que les trois autres, une femelle qui nous fut apportée avec son Fan, du Parc de Versailles, où on nous dit qu'elles avoient toutes deux esté tuées par une autre Gazelle masle. Nous trouvasmes que l'épaule gauche de la mere estoit toute brisée, & le Fan avoit trois jambes rompuës: cela nous fit faire reflexion sur ce que Belon dit que la Gazelle est l'Orix des anciens, qu'Appian represente comme un animal estrangement cruël & farouche; mais nous ne trouvasmes point les autres marques qui selon les auteurs sont particulieres à l'Oryx, comme d'avoir une seule corne au milieu du front, ainsi que dit Aristote; d'avoir tout le poil tourné vers la teste, selon Pline; d'avoir de la barbe au menton, selon Albert, & d'avoir assez de force pour battre les Lions & les Tygres, ainsi qu'Appian le rapporte.

Car la Gazelle a la façon fort douce, & l'on dit qu'elle ne se met point en fureur, si ce n'est quand on touche ses cornes. Les auteurs Arabes l'appellent *Algazel*; c'est à dire Chevre, & elle est vray-semblablement la *Dorcas*, ou Chevre Libyque, qui n'est point autre que la Chevre *Strepsiceros*, ou Chevreüil d'Egypte. Ælian dit que la *Dorcas* Lybique est legere à la course, qu'elle a le ventre blanc & le reste du corps fauve; que le blanc & le fauve le long des flancs est separé d'une bande noire; qu'elle a ces yeux noirs & les oreilles fort grandes. Le *Strepsiceros*, suivant Pline, est une Chevre d'Afrique qui a les cornes élevées sur la teste, fort pointuës, rondes, entourées de plusieurs rides, & tournées comme les branches d'une Lyre.

Toutes ces marques ayant esté trouvées dans ces quatre animaux que nous avons dissequez, on peut dire que le *Strepsiceros*, la *Dorcas* & la Gazelle sont une mesme chose: Car nostre Gazelle est un animal d'Afrique, qui paroist devoir bien courir, si on en juge par la longueur des jambes: Elle estoit de la grandeur & de la forme d'un Chevreüil, de poil fauve, à la reserve du ventre & de l'estomac qui estoient blancs, de la queuë qui estoit noirastre, & d'une bande un peu plus noirastre aussi que le reste du poil qui descendoit depuis l'œil jusques au museau. Sous le poil le cuir estoit parfaitement noir & luisant à celle qui estoit la plus âgée, aux autres il estoit grisastre; & cette noirceur paroissoit à toutes à découvert dans les oreilles, qui estoient grandes & pelées en dedans, ayant seulement quelques traces d'un poil fort blanc, plus dur & plus long que celuy du ventre. Les yeux estoient grands & noirs, les cornes estoient aussi noires, rayées en travers, longues de quinze pouces, grosses de dix lignes par le bas, fort pointuës, assez droites, mais un peu tournées en dehors vers le milieu & qui se raprochoient en suite en dedans, selon la forme des branches d'une Lyre, telles que sont celles qui se voyent dans les anciennes Sculptures: Et l'on peut dire que cette rondeur des cornes a donné à la Gazelle chez les anciens le nom de *Strepsiceros*, qui doit plûtost signifier tourné au tour, que courbé comme les cornes de toutes les autres Chevres le sont à l'ordinaire; cette seule espece de rondeur estant particuliere aux cornes de la Gazelle, parce que les autres cornes des Chevres sont à angles & à pans, de mesme que celles de tous les moutons, à la reserve de celuy de Candie qui a les cornes rondes, comme remarque Belon, qui dit que mesme encore de son temps il estoit appellé dans le païs *Stripsoceri*.

Ces cornes estoient creuses jusques à la moitié & remplies d'un os pointu qui les attachoit à la teste, par le moyen d'un Pericrane qui le couvroit. Ce Pericrane estoit fort dur, fort épais & abreuvé de beaucoup de sang, de mesme que le dedans de l'os qui estoit spongieux en maniere de *Diploë*, la superficie externe de l'os estant fort solide & rayée de quelques canelures selon sa longueur, au contraire des canelures des cornes, qui estoient transversales, ainsi qu'il a esté dit. A la racine de ces cornes il y avoit une touffe de poil plus long que celuy du reste du corps.

Le nez estoit un peu camus comme aux Chevres. Le Palais estoit garny d'une peau dure en forme de longues écailles. Les Dents incisives, qui manquoient à la machoire d'enhaut parce que cét animal rumine, estoient au nombre de huit en celle d'embas, fort trenchantes & de grandeur inégale, les deux de devant estant aussi larges que les six autres dont la largeur alloit toûjours en diminuant, & estant aussi beaucoup plus larges en leur extremité que vers leur racine. La Queuë avoit un poil assez long & noirastre. Elle estoit plate à son origine & large vers ses premiers nœuds environ de deux pouces, & elle se retressissoit & venoit à n'avoir pas un pouce à l'endroit où elle donne naissance au long poil qui pend jusques aux jarets.

Les Jambes de devant au dessous du ply du genoüil estoient garnies d'un poil un peu plus long & plus dur qu'au reste de la jambe ; il estoit couché & destourné moitié à droit moitié à gauche, comme l'Epy d'un cheval, & en cet endroit la peau estoit beaucoup plus épaisse qu'ailleurs, ce qui luy faisoit une espece de petit coussinet pour s'agenoüiller, à la maniere des callositez qui sont aux genoux du Chameau. La Gazelle que Fabius Columna décrit, ressembloit encore mieux au Chameau que la nostre, car elle avoit cét endroit tout-à-fait dégarny de poil.

Le pied, qui estoit fort fendu & muny de deux ongles, ainsi que celuy du Chevreüil, avoit aussi cela de semblable aux pieds du Chameau qu'il posoit moitié sur l'ongle qui ne garnissoit que le devant, & moitié sur la peau qui couvroit en la partie posterieure une chair ronde & bien plus épaisse qu'elle n'est aux pieds des Cerfs, des Chevreüils & des autres animaux qui ont le pied fourché. Et cette chair est vray-semblablement plus propre à marcher sur les sablons de la Libye, que dans les terres des autres païs qui sont pierreuses, ainsi que nous connusmes au pied d'une de nos Gazelles, qui estoit fort tumefié, pour avoir esté blessé en cette partie tendre & dégarnie d'ongle.

Nous avons aussi remarqué que ces pieds sont

fendus d'une maniere particuliere, parce que les deux ongles, qui se pouvoient éloigner beaucoup l'un de l'autre, estoient joints par une peau qui s'estendoit assez aisément: ce qui nous a fait douter si la Gazelle ne seroit point l'animal qu'Ælian dit estre appellé *Kemas* par les Poëtes Grecs, à qui il donne beaucoup de marques qui se voyent dans la Gazelle, mais entre autres choses il dit que ses pieds, qui sont semblables à ceux d'une Chevre, sont formez de sorte qu'ils luy aydent à nager.

Nos Gazelles n'avoient que deux Mammelles qni n'avoient chacune qu'un Mammelon. Il y avoit aux costez des Mammelles dans les aines deux cavitez comme des sacs peu profonds, où la peau estoit sans poil de mesme qu'au tour des Mammelons, mais moins licée estant aspre & cóme à grains d'orge. Ces cavitez estoient remplies d'une crasse semblable à de la cire : Ce qui peut avoir donné occasion à l'erreur de Ioann. Agricola Ammonius qui a pris la Civette pour une Gazelle, à cause des poches que la Civette a pour contenir sa liqueur odorante; la Civette & la Gazelle estant d'ailleurs des animaux tout-à-fait dissemblables, & ces cavitez ou sacs qui se voyent en la Gazelle, ayant bien plus de rapport avec ceux que les Lievres ont en ce mesme endroit, qu'avec ceux de la Civette.

Toutes ces particularitez estoient dans trois

de nos Gazelles, la quatriéme differoit des autres seulement en ce qu'elle n'avoit point de couſſinet aux genoux, quoy que d'autres plus jeunes en euſſent, mais elle n'avoit pas cét endroit pelé comme celle de Fabius Columna, à laquelle elle reſſembloit d'ailleurs, à cauſe qu'elle avoit cette bande noiraſtre le long de chaque flanc, qu'Ælian a remarquée dans la *Dorcas* Libyque.

POur ce qui eſt des parties du dedans l'*Epiploon* ne nageoit point ſur les Inteſtins, mais il les enveloppoit juſques par derriere, excepté en un de nos ſujets, dans lequel vers le coſté gauche l'Inteſtin *Ileon* eſtoit attaché au Peritoine, par un grand nombre de fibres.

Le Cartilage Xiphoïde eſtoit quatre fois plus grand à proportion qu'il n'eſt aux autres animaux, ayant un pouce & demy de large, & débordant de chaque coſté de l'os du *Sternum* auquel il eſt attaché, & ſe tournant en rond pour finir en une double pointe obtuſe.

Le Foye eſtoit aſſez ſemblable quant à ſa figure à celuy de l'homme, eſtant partagé en deux grandes lobes, outre leſquels il y en avoit deux petits, dont l'un, qui eſtoit le moins petit, s'allongeoit juſques ſur le Rein droit qu'il couvroit à moitié; l'autre eſtoit au milieu ſur l'épine. Il y avoit dans la partie cave du Foye du Fan deux rameaux Lymphatiques, gros de prés d'une ligne, qui comme de petits Chappelets de cryſtal attachoient le tronc de la Veine Porte à l'orifice ſuperieur du Ventricule. La ſubſtance du Foye nous parut bien particuliere, eſtāt comme compoſée d'une infinité de petites glandes, quelques unes plus, quelques autres moins groſſes que des grains de chenevy, qui eſtoient d'un rouge bien plus paſle que ce qui les joignoit enſemble : Ces glandes ſembloient percées chacune par le milieu à cauſe d'une petite fente rouge qu'elles avoient dont il ſortoit du ſang quand on les preſſoit: ce qui les ſeparoit les unes des autres eſtoit d'un rouge pareil à celuy des petites fentes, mais cette partie ne rendoit point de ſang. Les glandes de la partie cave eſtoient beaucoup plus groſſes que celles de la partie gibbe.

Malpighi Medecin de Meſſine, qui tient que tous les Parenchymes ſont compoſez de pluſieurs glandes, n'explique point comment il a reconnu que les Foyes qui paroiſſent ordinairement d'une ſubſtance continuë & homogene, ſont en effet diviſez en pluſieurs parties ſeparées les unes des autres, ny de quelle grandeur elles ſont: car quand il dit que ces glandes reſſemblent à des grains de raiſin qui forment une grappe, on peut douter ſi ces grains de raiſin ſignifient la figure ou la groſſeur des glandes, qu'il dit neantmoins eſtre hexagones dans le Foye des Chats, & differentes dans chaque animal.

Nous

Nous avons jugé qu'il se pouvoit faire que les glandes qui composoient les Foyes de nos Gazelles estoient devenuës apparentes par quelque maladie, parce qu'elles estoient bien plus visibles dans les unes que dans les autres, & que mesme il y en avoit une où elles ne paroissoient point, & dont le Foye s'est trouvé d'un Parenchyme égal, homogene & continu à l'ordinaire; en sorte qu'il y a lieu de croire que ces glandes qui, lors que l'animal est en santé, sont spongieuses & imbuës du sang qui est dans tout le Foye, ne semblent point estre separées les unes des autres, comme elles le paroissent lors qu'estant endurcies par la maladie, & recevant moins de sang, leur substance differente les fait mieux distinguer par la diversité de couleur, qui en la partie glanduleuse est plus blanchastre faute de sang, & plus rouge dans celle qui est entre les glandes, à cause du sang qu'elle contient. Mais ce qui confirme la pensée de Malpighi, est la figure reguliere que nous avons remarquée en ces glandes, qui est presque toûjours approchante de l'hexagone, estant percées chacune en leur milieu: Car cela fait voir que ce n'est point que le Foye se soit endurcy par une cócretion de sa substance amassée fortuitement en plusieurs morceaux, comme il arrive à l'huile quand elle se gele, mais que chaque glande en s'épaississant a conservé sa figure naturelle.

La Ratte estoit de figure ovale, fort mince, toute attachée & collée sur le costé gauche du Ventricule, à la reserve d'environ la largeur d'un travers de doigt de la partie de devant, qui en estoit separée. Elle estoit violette par dessus, bleuë par dessous & par tout semée de points blanchastres, qui pouvoient estre pris pour des glandes pareilles à celles du Foye, n'estoit qu'elles n'avoient pas une figure reguliere.

La Gazelle qui est un animal qui rumine, n'a que trois Ventricules qui ne paroissent point distinguez. Cét amas de trois Ventricules avoit une figure fort large par le haut & pointuë par le bas: Leur structure en dedans estoit assez estrange, en ce que le premier & plus grand qui reçoit la nourriture immediatement de l'œsophage, estoit garny en dedans de deux membranes posées l'une sur l'autre, qui sont celles dont se revetent separément les deux premiers Ventricules des quatre que les autres animaux qui ruminent ont ordinairement, que l'on appelle en François la *Pance* & le *Bonnet*: Ces deux mẽbranes estoient fort aisées à separer l'une de l'autre: L'exterieure qui fait la superficie interne, & qui est celle qui est propre à la Pance appellée Κοιλία μεγάλη par Aristote, estoit cõme un velouté composé d'une infinité de petits Mammelons, qui avoient trois fois plus de longueur que de grosseur, & cette grosseur ne passoit pas celle d'une mediocre épingle : L'autre membrane qui estoit sous cette premiere, est celle qui est propre & particuliere au second Ventricule, appellé Κεκρύφαλος par Aristote, & *Reticulum* par les Latins, à cause qu'elle a des éminences qui representent un reseau, qui a fait appeller ce Ventricule *le Bonnet*, parce que ce reseau ressemble au bonnet de lacis, dont les femmes enfermoient autrefois leurs cheveux. Ces éminences en maniere de reseau estoient comme engreslées & bordées de petits grains par le bout.

Ce grand Ventricule, que nous ne contons que pour un, parce que ses deux differentes membranes estoient estenduës également & de mesme sorte l'une sur l'autre par toute sa capacité, peut neantmoins paroistre double, en ce que sa partie superieure qui est beaucoup plus large que l'inferieure, en estoit en quelque façon separée par un retressissement, mais qui estoit peu considerable.

Au haut de ce grand Ventricule vers le costé droit il y avoit une ouverture en maniere de Pylore, qui estoit le passage au second, & cette ouverture estoit fermée par une membrane, en forme d'une grande Valvule faite comme un petit sac, pour empescher ce qui est une fois sorty du grand Ventricule d'y rentrer. Ce second Ventricule estoit semblable au troisiéme des Bœufs & des Moutons, appellé Εχῖνος par Aristote, *Oma-*

sum par les Latins, & *Millet* en François, parce qu'il est plein comme de feüillets disposez selon sa longueur, qui sont bordez de petites éminences semblables à des grains de Millet, qui ont paru aspres & pleines de pointes à ceux qui luy ont donné son nom Grec, qui signifie un Herisson: Cette aspreté neantmoins n'alloit que jusques à la moitié de ce Ventricule, le reste devenant insensiblement doux & lice. Ce Ventricule estoit encore different du premier, en ce qu'il estoit d'une couleur de chair un peu violette, au lieu que le premier estoit blanc à l'ordinaire.

Le troisiéme Ventricule estoit beaucoup plus ample que le second, & il ressembloit au quatriéme des autres animaux ruminans, appellé Ηνυςρον par Aristote, *Abomasum* par les Latins, & *la Caillette* en François, parce que c'est en ce Ventricule que s'amasse la presure qui sert à faire cailler le laict. Il avoit aussi quelques inégalitez & éminences en maniere de feüillets, mais qui estoient licées & polies: Il formoit de plus à son entrée un grand sac, par le moyen d'un reply qu'il avoit au dessous du second Ventricule; & vers sa sortie il s'élevoit & se retressissoit pour faire le Pylore.

Les Intestins estoient disposez en sorte que le Jejunum & l'Ileon estoient repliez fort menu par plusieurs petites cellules, & attachez le long du Colon, qui leur servoit de lien pour arrester ces replis en maniere d'une fraise : Le Colon n'avoit aucunes cellules : Les petits Inteſtins avoient prés de quatre lignes de diametre, & le Colon plus de ſix.

Les rameaux des veines Meſaraïques eſtoient fort gros & attachez au Colon par quantité de petits rameaux qu'ils y envoyoient ; & chaque gros rameau paſſant un peu outre diſtribuoit auſſi de la meſme maniere de petits rameaux aux petits Inteſtins.

Le *Cæcum* avoit ſept pouces de longueur, & un pouce en groſſeur.

Les Reins eſtoient preſque ronds : le droit eſtoit ſous le petit lobe droit du Foye, & le gauche ſous la pointe du Ventricule.

La matrice ſe ſeparoit en deux cornes, comme à la pluſpart des brutes ; elle avoit par dedans quantité d'éminences comme des Mammelons, ſept ou huict dans chaque corne, & à l'orifice interne il y avoit une Caruncule en dedans qui le couvroit.

Il y avoit deux grands vaiſſeaux qui alloient aux Mammelles: La Veine qui eſtoit plus groſſe alloit droit au Mammelon, conſervant toûjours ſa meſme groſſeur, & ſe perdant tout-à-coup ſans jetter aucuns rameaux apparens : L'Artere alloit à la poche ou ſac qui eſt proche du Mammelon, où elle ſe diviſoit en cinq ou ſix rameaux, comme une patte d'Oye.

Le Poumon avoit quatre lobes au costé droit, & deux au gauche ; ils estoient en l'une des Gazelles tous adherans tant les uns aux autres qu'avec les Costes & le Diaphragme, auquel le Foye estoit aussi tellement collé que son Parenchyme y demeuroit attaché, & se déchiroit plustost que de s'en separer.

En ce mesme sujet la Veine Azygos estoit aussi grosse que la Veine cave.

Toutes nos Gazelles avoient le Cœur long & pointu, celuy de la plus grande ayant quatre pouces & demy de long sur deux & demy de large : Les Ventricules du Cœur de celle qui estoit morte d'un coup qui luy avoit brisé l'épaule, estoient presque remplis comme d'une chair dure & solide, laquelle estoit un corps estrange & separé de la substance du Cœur. Le Pericarde estoit immediatement attaché au *Sternum* & au Diaphragme par deux forts ligamens : La pointe du Cœur estoit tournée vers le Cartilage Xiphoïde.

Le Cerveau avoit peu d'anfractuositez, & n'estoit que legerement enfoncé & divisé en deux, à l'endroit de la faux. Les deux Ventricules superieurs estoient ouverts l'un dans l'autre en la partie anterieure du *Septum lucidum*, par un trou large de deux tiers de ligne.

Le globe de l'Oeil qui estoit fort grand, ayant un pouce de diametre, estoit recouvert d'une paupiere interne: La Cornée estoit en ovale: Le tapis de l'Uvée avoit la couleur d'une Nacre verte, & la Retine en cét endroit estoit traversée du rameau d'une veine qui jettoit plusieurs branches; le tout estant plein d'un sang noirastre: Le rameau estoit de la grosseur d'une grosse épingle, & il se glissoit dans l'épaisseur de la Retine.

FIN.

FAVTES A CORRIGER.

Page	25.	*ligne*	10.	*lisez*	soustenuës & suspenduës
	43.		8.		ouvertes
	44.		6.		ce qui
	50.		3.		il est décrit
	105.		15.		Oppian
	106.		16.		les

EXPLICATION DE LA FIGVRE de la Gazelle.

CElle qui est dépeinte dans la Figure d'embas, n'a point de bande noire qui separe le fauve du dos d'avec le blanc du ventre, & les genoux des jambes de devant ne sont point pelez ; parce que ce sont des particularitez qui manquent à trois des Gazelles que nous avons veuës.

Dans la Figure d'enhaut.

A est l'œsophage.
B la membrane du milieu du grand Ventricule.
C la membrane interne.
D cette mesme membrane separée, & pendante pour laisser voir celle qui est dessous.
E la Valvule qui ferme le second Ventricule.
F le second Ventricule.
G le troisiéme Ventricule.
H le sac du troisiéme Ventricule.
I le Pylore.
KK la partie gibbe du Foye relevée en enhaut.
LL le lobe droit.
MM le lobe gauche.
N un petit lobe qui est au milieu.
O la Vesicule du Fiel.
P l'Intestin *Duodenum*.
Q le Pylore.
R le Ventricule veu par dehors.
S la Ratte.
T deux vaisseaux Lymphatiques.
VV les Reins.
X une portion de la mẽbrane. B. veuë avec le Microscope.
Φ une portion de la mẽbrane. C. veuë avec le Microscope.
Δ le dernier os du Sternon.
Z le Cartilage Xiphoïde.
Θ un des pieds.

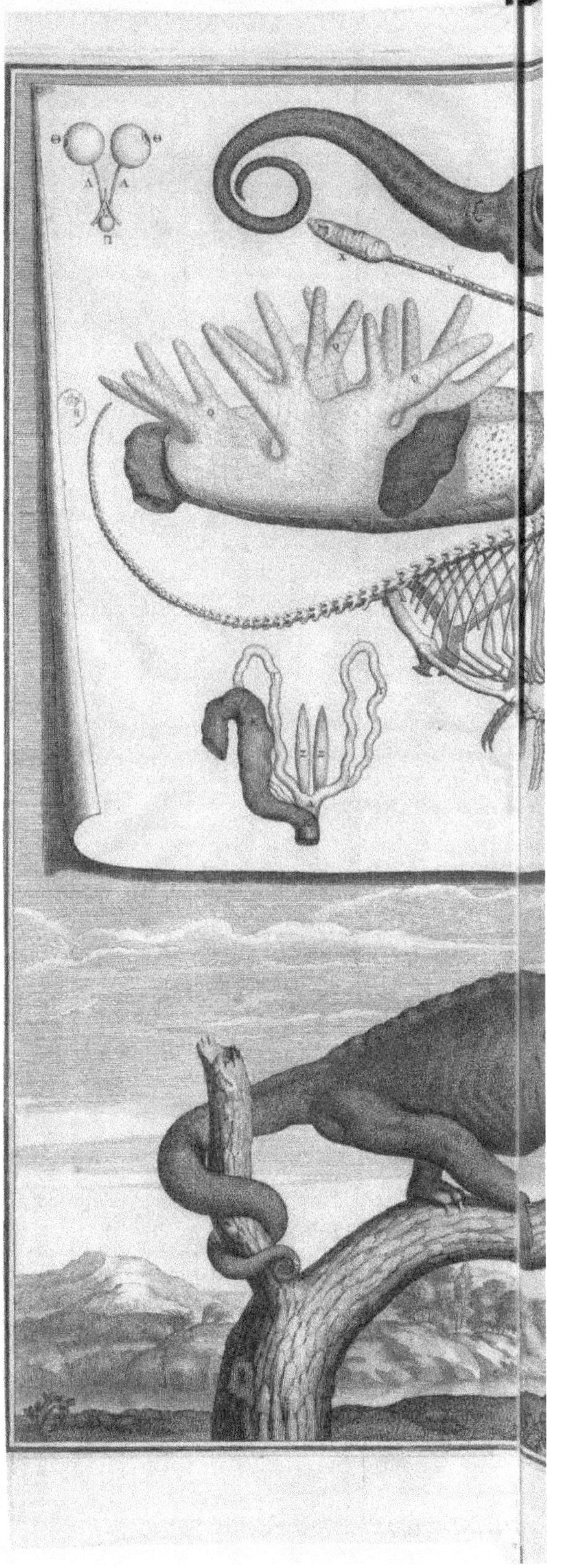

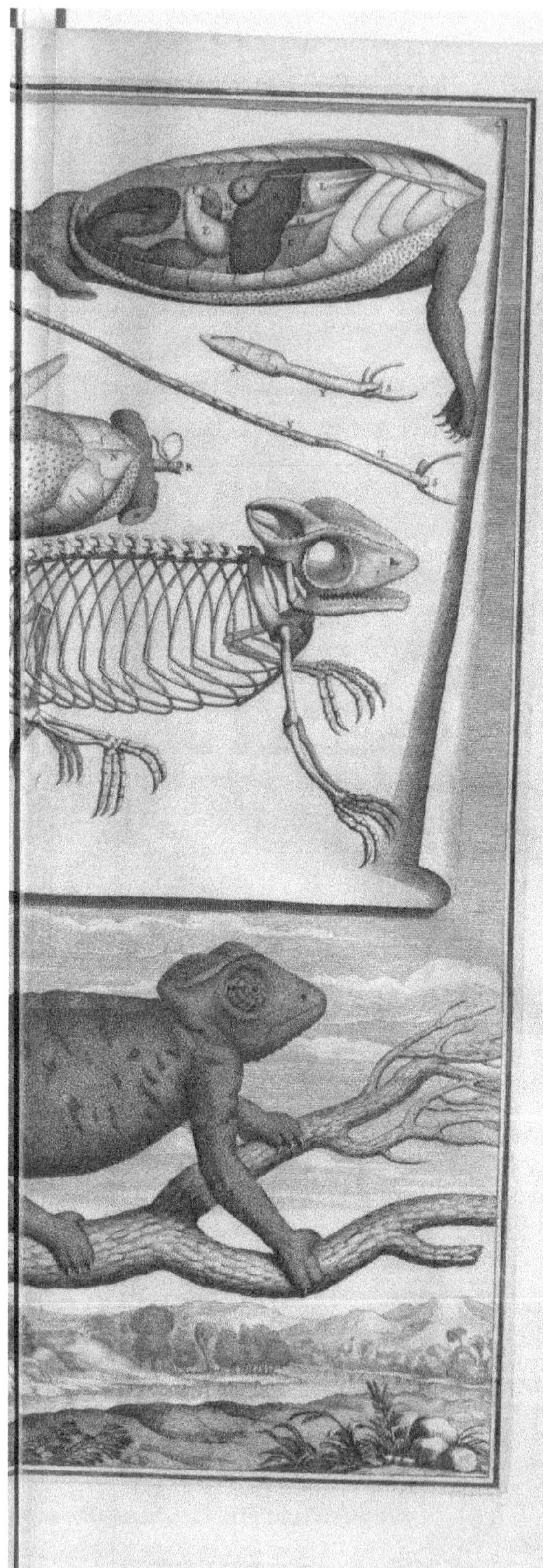

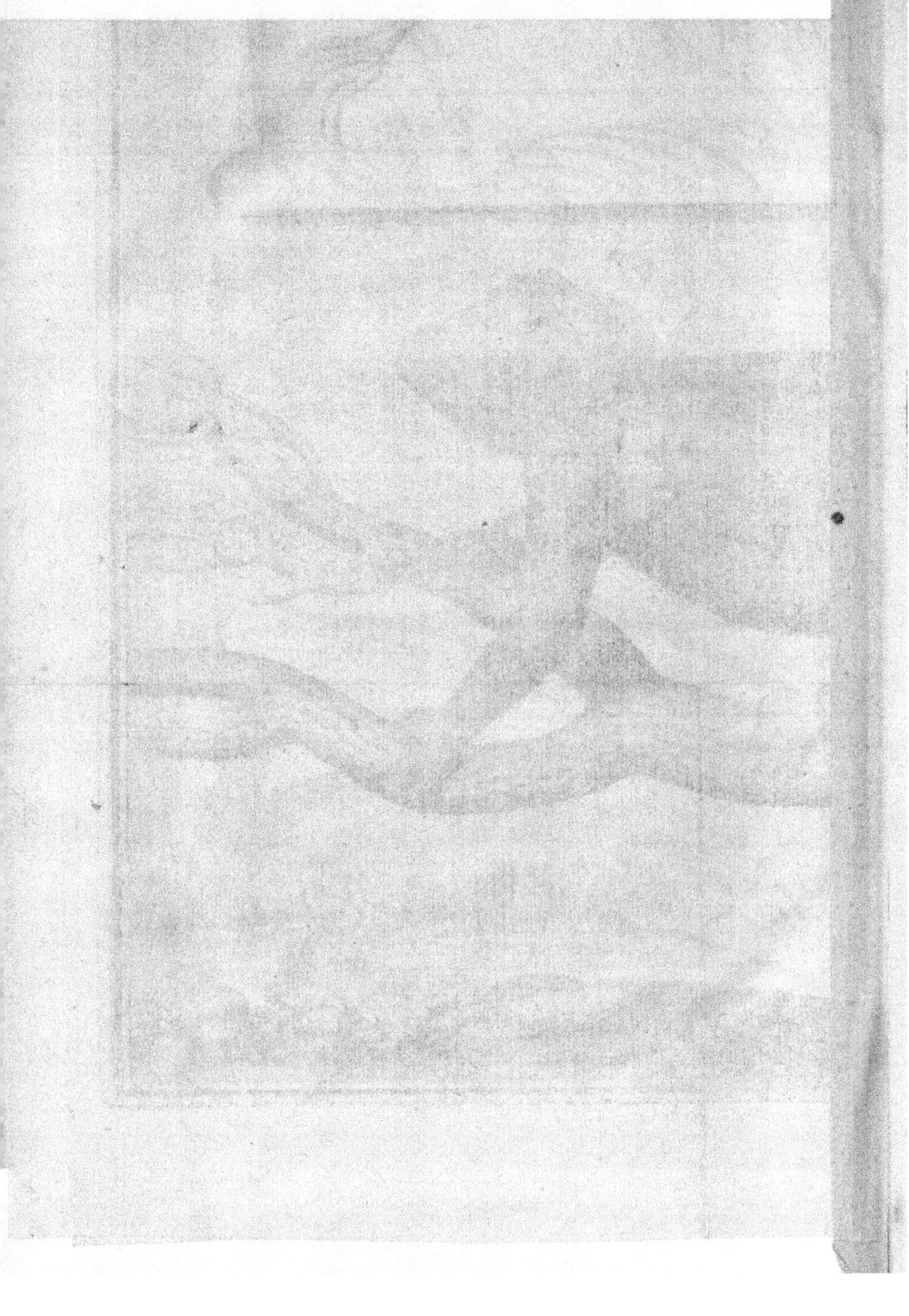

EXTRAIT D'VNE LETTRE de M. l'Abbé Mariotte, à M. Pecquet.

ONSIEVR, &c.

Pour ce qui est de mon Observation touchant le defaut de Vision qui arrive quand la Peinture d'un Objet tombe justement sur le Nerf-optique ; je vous diray qu'il y a long-temps que la curiosité de sçavoir si la Vision estoit plus ou moins forte à l'endroit du Nerf-optique, me fit faire une remarque curieuse, à laquelle ie ne m'attendois pas. Ie tenois pour certain que la Vision se faisoit par la reception des Rayons qui font la Peinture des Objets au fonds de l'Oeil, & que cette Peinture estoit dans une situation renversée & opposée à celle des Objets qu'elle represente. I'avois d'ailleurs souvent observé par l'Anatomie tant des Hommes que des Animaux, que jamais le Nerf-optique ne répond justement au milieu du fonds de l'Oeil, c'est à dire, à l'endroit où se fait la Peinture des Objets qu'on regarde directement : & que dans l'Homme il est un peu plus haut, & à costé tirant vers le Nez. Pour faire donc tomber les Rayons d'un Objet sur le Nerf-optique de mon Oeil, & éprouver ce qui en arriveroit, j'attachay sur un fonds obscur, environ à la hauteur de mes yeux, un petit rond de papier blanc, pour me servir de point de Veüe fixe ; & cependant i'en fis tenir un autre à costé vers ma droite, à la distance d'environ deux pieds, mais un peu plus bas que le premier, afin qu'il pust donner sur le Nerf-optique de mon Oeil droit, pendant que ie tiendrois le gauche fermé : Ie me plaçay vis-à-vis du premier papier, & m'en éloignay peu-à-peu, tenant toujours mon Oeil droit arresté dessus ; & lors que ie fus à la distance d'environ dix pieds, le second papier, qui estoit grand de prés de quatre pouces, me disparut entierement. Cependant ie ne pouvois pas attribuer cela à l'obliquité de cét Objet, d'autant que je remarquois d'autres objets qui estoient encore plus à costé ; de sorte que i'eusse pû croire, qu'on me l'avoit subtilement osté, si je ne l'eusse retrouvé en remüant tant soit peu mon Oeil. Mais aussi-tost que ie venois à regarder fixement mon premier papier, cét autre qui estoit à droit disparoissoit à l'instant ; & pour le retrouver sans remüer l'Oeil, il le falloit un peu changer de place. Ie fis en ſuitte la meſme experience en d'autres diſtances, éloignant ou approchant les papiers l'un de l'autre à proportion. Ie la fis encore avec l'Oeil gauche, en tenant le droit fermé, apres avoir fait porter le papier à la gauche de mon point de veüe : de ſorte que par la ſituation des parties de l'Oeil, il n'y a pas lieu de douter que ce ne ſoit ſur le Nerf-optique que ſe fait ce defaut de Viſion.

Ie communiquay cette découverte à pluſieurs de mes amis, à qui la meſme choſe arriva; mais non pas toujours ſi preciſément à meſmes diſtances; & j'attribuay cette diverſité à la differente ſituation de leur Nerf-optique. Le R. P. de Billy fut un des premiers à qui ie fis part de cette Experience : Vous l'avez faite vous meſme dans la Bibliotheque du Roy, où ie la fis voir à Meſſieurs de voſtre Aſſemblée; & vous remarquaſtes comme moy cette diverſité, y en ayant eu quelques-uns, qui dans les diſtances que i'ay dites, perdirent de veüe un papier grand de huit pouces, & d'autres qui ne ceſſerent de le voir, que lors qu'il fut un peu plus petit; ce qui ne peut venir que des differentes groſſeurs du Nerf-optique en differens Yeux.

Cette Experience ainſi confirmée m'a depuis donné lieu de douter que la Viſion ſe fiſt dans la Retine comme ie l'avois cru ſuivant l'opinion la plus commune, & m'a fait conjecturer, que c'estoit plustost dans cette autre membrane qu'on void au fonds de l'Oeil au travers de la Retine, & qu'on appelle Choroïde. Car si c'estoit dans la Retine, il semble que la Vision se devroit faire par tout où cette Retine se rencontre; & comme elle couure tout le Nerf, aussi bien que le reste du fonds de l'Oeil, il n'y auroit pas de raison pourquoy il ne se feroit point de Vision à l'endroit du Nerf-optique où elle est: Au contraire si c'est dans la Choroïde, on verra clairement que la raison pour laquelle la Vision ne se fait point à l'endroit du Nerf-optique, est parce que cette membrane part des bords de ce Nerf, & n'en couvre point le milieu, comme elle fait le reste du fonds de l'Oeil.

Vous sçavez les autres raisons que i'ay déduites dans un Escrit, que i'ay laissé dans vostre Assemblée, & que vous pouvez revoir, lesquelles me font conclure plustost en faveur de la Choroïde, que de la Retine. Vous me ferez plaisir de m'en dire librement vostre sentiment, comme n'estant pas de ceux qui veulent donner des conjectures pour des demonstrations. Ie travaille toujours à la dissection des Animaux, si ie rencontre quelque chose digne de vous, ie vous le feray sçavoir, &c.

A Dijon, ce

REPONSE DE M. PECQUET à la Lettre de M. l'Abbé Mariotte.

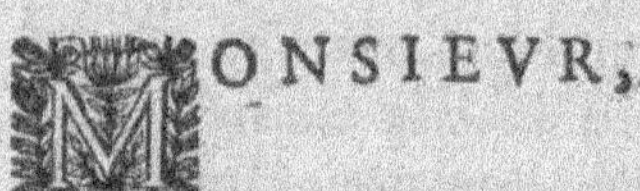

MONSIEUR,

I'ay receu avec beaucoup de joye la Lettre que vous m'avez fait l'honneur de m'écrire au sujet de vostre Observation, touchant le defaut de Vision qui arrive quand la Peinture d'un Objet tombe justement sur le Nerf-optique: I'en ay fait part à nos Curieux, qui en ont esté tres-satisfaits. Chacun s'est estonné de voir que personne avant vous ne se soit apperceu de ce defaut de Vision, que tout le monde experimente depuis que vous en avez donné la connoissance: car lors que nous regardons une Estoile, nous en perdons souvent de veüe une autre qui est à costé, & nous perdons mesme la Lune toute entiere, qui nous disparoistroit encore, quand elle seroit de beaucoup plus grande qu'elle n'est. Le hazard fait quelquefois trouver ce qu'on ne cherchoit poit; ie luy suis redevable de beaucoup de nouveautez: Mais il y a peu de gens qui en trouvent, comme vous, en les cherchant; il faut avoir pour cela un genie comme le vostre, & des yeux aussi clair-voyans que vous en avez.

I'ay leu vos sentimens touchant de la Choroïde; j'ay examiné les raisons qui vous portent à croire que cette Membrane est *le principal organe de la Vision.* I'ay même releu l'Escrit que vous laissastes, avant vostre départ, en la Bibliotheque du Roy: & je n'ay rien trouvé qui m'ait paru assez convainquant pour abandonner le party de la Retine. Et puis que vous voulez que je vous en dise librement ma pensée, je vous prie de la recevoir, comme un effet de ma sincerité & du desir que i'ay de rechercher la verité.

Pour oster à la Retine l'avantage qu'on luy donne ordinairement d'estre le principal organe de la Vision, vous dites dans vostre Escrit, *qu'elle est transparante, & qu'elle ne reçoit que tres-peu d'impression de la Lumiere, non plus que les corps diaphanes, tels que sont l'Air & l'Eau: & qu'au contraire les corps noirs & opaques, comme est la Choroïde, sont échauffez par la Lumiere.*

Ie demeure d'accord que la Retine a quelque transparence: On voit au travers de cette Membrane les couleurs de la Choroïde, quand elle luy est contiguë: mais il n'y a point de comparaison

paraiſon à faire avec l'Air ny avec l'Eau ; la transparence de la Retine eſtant preſque ſemblable à celle du papier huilé, & un peu moindre que celle de la corne qui ſert aux lanternes. Elle eſt blanche, & ſa blancheur la rend aſſez opaque pour arreſter les eſpeces des Objets autant qu'il eſt neceſſaire pour la Viſion, qui ne ſe pourroit pas faire aſſez diſtinctement dans la Choroïde au travers de la Retine : Car s'il falloit que les eſpeces paſſaſſent juſqu'à la Choroïde, l'opacité de la Retine ſeroit auſſi nuiſible à la Viſion, que s'il ſe rencontroit une ſemblable opacité dans la Cornée, dans le Cryſtallin, ou dans les autres humeurs de l'Oeil, que la Nature a fait diaphanes, pour laiſſer paſſer les eſpeces juſqu'à l'organe de la Veüe.

Il eſt aiſé de remarquer l'opacité de la Retine. Il faut avoir un œil bien frais, couper doucement la Sclerotique & la Choroïde, les lever adroitement, & laiſſer la Retine étenduë ſur l'Humeur-vitrée : Et alors on ne voit pas bien au travers de cette membrane. L'opacité de la Retine ſe reconnoiſt encore, quand on la plonge dans de l'eau, car elle s'y voit toute blanche, & preſque ſans tranſparence.

La noirceur de la Choroïde, que vous jugez neceſſaire pour la Viſion, ne ſe rencontre pas également en toutes ſortes d'yeux : On la trouve à la verité aux yeux des hommes ; mais le degré de noirceur y est different, suivant la diversité des individus. Il en est de mesme des yeux des Oyseaux, & de quelques autres Animaux, où cette noirceur se rencontre; mais aux yeux des Lions, des Chameaux, des Ours, des Beufs, des Cerfs, des Brebis, des Chiens, des Chats, & de beaucoup d'autres Animaux, nous voyons souvent des couleurs aussi vives que celles de la Nacre de Perle & de l'Iris, qui forment une maniere de tapis dans le fonds de la Choroïde, au lieu le plus exposé aux Rayons visuels: Et quand nous ratissons doucement ces couleurs avec un scalpel, nous découvrons une substance blanche, dont cette partie est enduite de telle sorte, qu'elle ne peut permettre aux especes des Objets de passer jusqu'au noir de la Choroïde afin d'y faire l'impression que vous demandez pour y produire la Vision: & il semble que ce noir n'a point d'usage plus considerable que celuy d'empescher que la Lumiere n'entre dans l'Oeil par un autre endroit que par le trou de l'Vvée anterieure, c'est à dire par la Prunelle: Car si cette noirceur n'estoit pas en la Choroïde, comme un rideau derriere toute la Sclerotique; la Lumiere entreroit au travers de cette Sclerotique, comme au travers d'un parchemin, & allant jusqu'à fonds de l'œil effacer les especes des Objets, empescheroit par ce moyen la Vision de se faire.

Les Poiſſons ont auſſi au fonds de la Choroïde une couleur fort éclatante, mais d'une autre ſorte : Elle paroiſt comme font les brillans d'argenterie, ou le luſtre des Perles Orientales.

Cette varieté de couleurs ne ſe rencontre point dans la Retine. Elle garde en toutes ſortes d'yeux ſa blancheur & ſon opacité ; & c'eſt ce qui me perſuade qu'elle eſt plus propre à la Viſion que n'eſt la Choroïde : car l'uniformité & l'indifference qu'elle a pour toutes les couleurs, luy donne la facilité de recevoir l'impreſſion de leurs differences ; ce que ne peut faire cette multitude de couleurs qui ſe trouve au fonds de la Choroïde, laquelle ſe meſlant avec celles qui viennent des Objets, ne pourroit porter au ſens de la Veuë qu'une tres-grande confuſion.

Quand vous dites que les corps noirs reçoivent beaucoup plus d'impreſſion de la Lumiere que les blancs ; cela ſe doit entendre lors que cette Lumiere eſt receüe immediatement ſur un corps noir, & ſans qu'il y ait aucun milieu qui puiſſe affoiblir ſes rayons. Le Papier noir expoſé au foyer d'un Miroir ardant, eſt bruſlé preſqu'en un moment : Le blanc ne ſe bruſle que difficilement, ſi la Lumiere n'y rencontre quelque noirceur, ou quelque ordure : Et quand le Papier noir eſt appliqué derriere le blanc, il ne reçoit qu'une legere impreſſion de chaleur qui ne le brusle pas. Mais il ne s'agit pas icy de cette impression de chaleur, ny de toutes les autres impressions que la Lumiere peut produire : Il s'agit seulement de celle qui se fait en la representation distincte des Objets, qui n'a pas besoin de chaleur, mais seulement d'une Lumiere moderée pour l'éclairer; ce qui ne se peut pas si bien faire sur la Choroïde, que sur la Retine qui fait obstacle à la Choroïde, & qui n'en a aucun devant elle, quand la Cornée & les humeurs de l'Oeil ne sont point alterées.

Vous adjoustez dans vostre Escrit, *Que la Retine ne penetre point dans le Cerveau, comme fait la Choroïde, qui envelope le Nerf-optique au delà de l'Oeil, & l'accompagne jusqu'au milieu du Cerveau.*

Ce discours m'a un peu surpris : car la Retine, comme vous sçavez, prend son origine de de toute l'extrémité du Nerf-optique qui aboutit au fonds de l'Oeil, de mesme qu'une fleur vient de toute l'extrémité de sa tige. Elle est composée de Filamens fort deliez, qui ne peuvent venir que de ceux du Nerf. Ces Filamens paroissent aisément dans l'eau, quand on y plonge cette Membrane; car ils sont plus opaques que l'eau & que la Tunique muqueuse dont ils sont envelopez, laquelle disparoist dans l'eau. Ce sont ces Filamens qui luy ont fait donner le nom de Retine, s'il en faut croire les Anatomistes. Elle a des Veines & des Arteres qui se glissent entre ces Filamens, & qui ne sont couvertes que de la Tunique muqueuse, qui les tient liées ensemble. Et dautant que cette Tunique muqueuse est transparente, elle n'empesche point de voir ces vaisseaux quand ils sont pleins de sang, comme s'ils n'estoient revestus que de leur propre membrane.

De cette composition & de cette origine de la Retine, il est aisé de juger quelle continuité elle doit avoir avec le Cerveau ; puisque par le moyen du Nerf-optique, dont on peut dire qu'elle est une production, elle tire sa premiere origine de la principale partie du Cerveau, qui est cette tuberosité qui fait le haut de la moëlle de l'Epine, d'où partent les principaux Nerfs qui servent à nos sens.

La Choroïde n'a pas cét avantage. Elle est composée à la verité de la Pie-mere ; & cette Pie-mere luy peut bien donner un sentiment de douleur, qui est commun à toutes les Membranes ; mais non pas celuy de la Veuë, qui demande une autre impression que celle qui fait la douleur. La Membrane que la Pie-mere donne à la Choroïde doit estre diaphane, comme cette Pie-mere l'est au delà de l'Oeil, & dans le Cerveau ; & elle doit par consequent laisser passer les Rayons visuels jusqu'aux vaisseaux qui l'enveloppent, & qui font la noirceur qu'on voit en la Choroïde à cause du sang qu'ils contiennent.

Mais ces vaiſſeaux qui viennent du Cœur, n'ont aucune aptitude pour la viſion, qui ne ſe peut faire ſans communication avec le Cerveau. Ces vaiſſeaux prennent leur origine des Arteres Carotides & de la Iugulaire interne; & paſſant au travers de la Sclerotique, qu'ils percent en divers endroits, ils la tiennent attachée & comme couſuë avec la Choroïde, qu'ils rendent opaque, & qu'ils font reſſembler au *Chorium*, ou au *Placenta* du *Fœtus*; d'où les Anatomiſtes luy ont donné le nom de Choroïde. Parmy ces Veines & ces Arteres il y a auſſi quelques Filamens de Nerfs, qui viennent des Moteurs de l'Oeil; mais ils ne ſont pas pour ſervir à la viſion: de ſorte que je ne vois encore rien dans la Choroïde, qui luy donne autant de communication avec le Cerveau, qu'en a la Retine, laquelle ne prend ſon origine que du Nerf-optique.

Vous jugez bien par ce diſcours, que je n'ay pas de peine à croire que la Choroïde eſt renduë opaque par les vaiſſeaux qui l'environnent; parce que ces vaiſſeaux ſont au dedans de la Sclerotique, comme un rideau fort noir qui arreſte la Lumiere, & l'empeſche de paſſer juſqu'à cette Membrane deliée, qui fait ce que vous appellez Choroïde. Ie ne nie pas non plus, que cette noirceur ne puſt recevoir l'impreſſion de la Lumiere, ſi la meilleure partie des eſpeces n'eſtoit arreſtée par l'opacité de la Retine, qui eſt ſuffiſante pour retenir l'image des Objets; comme nous voyons qu'elle fait quand nous regardons dans un œil recent, au haut duquel on a fait ouverture, afin d'obſerver ce qui ſe paſſe au dedans : Car nous voyons au travers des Humeurs, que l'image des Objets ſe peint diſtinctement ſur la ſurface anterieure de la Retine. Nous le voyons encore mieux, quand cette ouverture eſt faite au fonds de l'Oeil à l'oppoſite de la prunelle, & qu'on a ſeulement laiſſé la Retine étenduë ſur les Humeurs : Car cét Oeil eſtant appliqué au trou d'une chambre obſcure, nous voyons les images ds Objets arreſtées ſur la Retine, comme nous les voyons ſur un papier huilé. Et c'eſt ce qui m'a empeſché juſqu'à preſent d'abandonner ſon party pour prendre celuy de la Choroïde, juſqu'à ce que je ſois convaincu par de meilleures raiſons. Mais paſſons aux autres Argumens dont vous vous ſervez dans voſtre Eſcrit.

Vous dites, *Qu'il eſt neceſſaire pour faire la viſion diſtincte, que les Rayons qui viennent à l'Oeil de chaque poinct de l'Objet, s'uniſſent en un poinct ſur l'Organe; & que la Retine eſtant épaiſſe d'une demi-ligne, ſi les Rayons s'uniſſent en ſa ſurface contiguë à l'humeur vitrée, ils s'entrecouperont, & tomberont en divers points, ſur ſon autre ſurface, laquelle eſt contiguë à la Choroïde; & s'ils s'uniſſent ſur cette autre ſurface, ils auront paſſé par divers points de l'au-*

tre : Que s'ils s'uniſſent entre ces deux ſurfaces, au dedans de l'épaiſſeur de la Retine, ils tomberont en divers poinčts ſur les deux ſurfaces ; & en toutes ces manieres il ſe fera une Viſion confuſe : au lieu que la Choroïde eſtant fort deliée & opaque, elle peut recevoir les Rayons d'un meſme poinčt lumineux.

Ie conviens avec vous, *Qu'il eſt neceſſaire pour faire la Viſion diſtincte, que les Rayons qui viennent à l'Oeil de chaque poinčt de l'Objet s'uniſſent en un poinčt ſur l'Organe ;* mais vous devez auſſi convenir avec moy, que ce poinct n'eſt pas un poinct Mathematique ; mais un poinct Phyſique, qui a de la grandeur, & meſme une grandeur conſiderable, puiſque dans la plus petite partie d'un Objet que nos yeux puiſſent voir, nous en découvrons beaucoup d'autres avec le Microſcope ; & nous pouvons dire alors, que nous voyons l'Objet beaucoup plus diſtinctement qu'auparavant, quoy qu'il ne nous paruſt aucunement confus. D'où il eſt evident, que ſi ce poinct tombe ſur la Retine, il couvrira autant d'eſpace en la ſurface de cette Membrane, qu'il ſera gros ; & que s'il tombe dans l'épaiſſeur de la Retine, il occupera du moins toute cette épaiſſeur, principalement dans l'Oeil de l'Homme, où la Retine n'eſt gueres plus épaiſſe qu'une feüille de papier commun, dont il faut prés de vingt épaiſſeurs pour faire une ligne. Car quand vous dites que la Retine *eſt*

épaiſſe

épaisse d'une demi-ligne, je ne pense pas que vous entendiez parler de celle des Yeux de l'Homme, & je ne sçay pas mesme en quels Animaux elle a tant d'épaisseur : puisque les Bœufs, les Chevaux, les Cerfs, les Lions, les Ours, les Sangliers, les Pourceaux, les Brebis, les Chiens, & les autres grands Animaux, qui sont venus jusqu'à present à ma connoissance, n'ont pas la Retine plus épaisse que trois ou quatre feüilles de papier, qui ne font pas un quart de ligne. Ainsi je ne voy pas que tout vostre Discours puisse jusques icy donner atteinte à l'opinion de ceux qui tiennent que la Retine est le principal Organe de la Veüe.

Mais quand je vous accorderois que la Retine auroit autant d'épaisseur que vous luy en donnez ; cette épaisseur ne serviroit qu'à la rendre plus blanche & plus opaque, & à laisser passer moins de Rayons jusqu'à la Choroïde, qui deviendroit par ce moyen, moins propre à estre l'organe de la Veuë.

Vous adjoûtez, *Que la Choroïde estant fort deliée & opaque, elle peut recevoir les Rayons d'un mesme poinct lumineux*. Ie n'en douterois nullement, quand mesme elle seroit fort épaisse, si la Retine, qui a beaucoup d'opacité, ne luy faisoit point d'obstacle : Mais je suis convaincu que cette opacité de la Retine peut arrester l'image des objets, & les empescher de passer, si ce n'est peut-estre tres-foiblement, jusqu'à la Choroïde; & je ne puis m'en départir que vous n'ayez démonstré le contraire. Mais venons au plus fort de vos Raisonnemens, qui est fondé sur le defaut de vision, qui arrive en l'experience que vous nous avez fait voir.

Il s'ensuit, dites-vous, *de cette experience, que puisque la vision se fait par tout où est la Choroïde, & qu'il ne se fait point de vision où la Choroïde n'est pas, quoy que la Retine y soit, cette Choroïde est le principal organe de la vision, & non pas la Retine.*

Ie sçay que la Choroïde n'est point étenduë sur l'extrémité du Nerf-optique. Elle est percée au fonds de l'Oeil pour y laisser entrer ce Nerf, afin de donner la naissance à la Retine, qui n'est qu'un épanchement des Filamens qui luy viennent du Nerf, envelopez d'une membrane muqueuse, laquelle est arrosée par des vaisseaux qui luy viennent aussi du mesme Nerf ou de sa circonference.

Ie conçois au sortir du Nerf, l'épanchement de ces Filamens, comme celuy des Fibres qui sortent de la tige d'une plante, & s'étendent de toutes parts pour former une fleur au bout de cette tige: Et je conçois au milieu de l'épanchement de ces Filamens, un point qui doit estre le centre de cet épanchement; de mesme qu'au milieu d'une houpe à poudrer qui est renversée, & dont les fils sont épars de tous costez, il y a un poinct qui est le centre de tous ces fils.

Cét épanchement des Filamens qui composent la Retine, se peut concevoir en deux manieres : La premiere est en s'imaginant que tous les Filamens qui sont les plus proches du centre du Nerf-optique, vont aboutir precisément à sa circonference, aprés l'avoir également couverte en s'épanchant de tous costez, sans qu'aucun de ces Filamens aboutisse dans l'estenduë du Nerf, avant que d'estre arrivé à sa circonference ; & que les autres Filamens du Nerf-optique vont aboutir plus loin dans toute l'étenduë de la Retine, à proportion qu'ils sont éloignez du centre du Nerf, quand ils en sortent ; & qu'ainsi toute la surface interne de la Retine est composée de l'aboutissement de tous ces Filamens, à la reserve de l'étenduë de cette extrémité du Nerf où n'aboutit aucun Filament. Cela estant conceu de la sorte, si l'on suppose, comme font quelques-uns de nos Philosophes modernes, que la vision ne se fait que lors que les Rayons visuels tombent sur l'extrémité de quelqu'un de ces Filamens ; on pourra rendre raison de vostre experience : Car toute l'étenduë de cette extrémité du Nerf n'ayant aucun aboutissement des Filamens depuis son centre jusqu'à sa circonference, ne recevra l'impression des Rayons visuels necessaire à la Vision, que sur cette circonference ; ce qui sera cause qu'on ne verra point l'objet dont les especes tomberont au dedans de la mesme circonference. Mais dautant que cét aboutissement des Filamens de la Retine est peut-estre un effet de l'imagination aussi-tost que de la Nature, n'y ayant pas trop de raison de ne faire aboutir aucun Filament entre le centre du Nerf & sa circonference, & mesmes dans le milieu du centre ; je ne voy pas assez de certitude en cette opinion pour estre obligé de la suivre.

L'autre maniere de concevoir l'épanchement des Filamens de la Retine, est de se les imaginer allans tous aboutir aux extrémitez de cette tunique, comme font les fibres de la Plante aux extrémitez de sa Fleur, ou comme les fils d'une houpe renversée, aux extrémitez de l'étenduë de cette houpe : auquel cas il faut de necessité qu'on s'imagine au milieu de ces Filamens un poinct d'où ils commencent de s'écarter, & qu'on y conçoive quelque profondeur semblable à celle qu'on voit au milieu de la houpe : Et si l'on considere de quelle façon les Rayons visuels tombent à l'endroit de ce poinct & aux environs, lors qu'on fait vostre experience ; on trouvera qu'ils y tombent d'une autre maniere qu'aux endroits de ces mesmes Filamens où la Vision se fait. Car ceux-cy sont frapez directement, & ceux qui sont aux environs du poinct à l'endroit le plus profond, ne sont point du tout frapez, ou ils le sont si obliquement, que cela pourroit causer le defaut de Vision, principalement quand l'objet n'est pas trop lumineux; car ceux qui le sont, comme est une chandelle lors qu'on la voit éloignée de quatre ou cinq pas, ne se perdent pas si absolument qu'on n'en apperçoive la lumiere.

Mais il y a encore à l'endroit du Nerf-optique une chose, qui pourroit bien causer cette perte d'Objet. Ce sont les vaisseaux de la Retine, dont les troncs sont assez gros pour faire obstacle à la Vision.

Ces vaisseaux, qui ne sont que des rameaux de Veines & d'Arteres, tirent leur origine du Cœur; & n'ayant point de communication avec le Cerveau, n'y peuvent pas porter les especes des Objets. Si donc les Rayons visüels qui partent d'un Objet, tombent sur ces vaisseaux à l'endroit de leur tronc; il est constant que l'impression qu'ils y feront ne produira point de Vision, & que la peinture de cét Objet y sera defectueuse; comme il arrive sur le papier blanc dans une chambre obscure, quand il y a en ce papier quelque tache noire ou quelque trou d'une grandeur considerable; car plus cette noirceur ou ce trou sont sensibles, plus ils dérobent à nos yeux de l'image des Objets.

Il n'en est pas de mesme à l'égard des petits rameaux qui partent de ces troncs, pour le répandre dans la Retine. Car quand ils se rencontreroient, comme il arrive souvent, à l'endroit du fonds de l'Oeil où se fait la vision distincte; ils ne rendroient point l'image de l'Objet defectueuse, parce qu'ils sont si petits qu'ils ne sont pas sensibles. C'est ainsi que dans nos miroirs, quand ils manquent de plomb ou d'estain, en quelque endroit assez grand pour s'en appercevoir, l'image que nous y voyons paroist troüée; ce qui n'arrive pas quand il n'y a qu'un petit trou, comme pourroit estre celuy que feroit la pointe d'une aiguille.

Ie sçay bien que l'impression d'une image qui se fait dans l'Oeil sur la Retine, ou sur le papier blanc dans une chambre obscure, est bien differente de celle que nous voyons dans nos miroirs. Car l'image se peint sur la surface de la Retine & du papier, comme si c'estoit un veritable tableau qu'on voit toûjours au mesme endroit de quelque part qu'on le regarde: Mais l'image ne se peint point du tout sur la surface de nos Miroirs: Elle se peint seulement dans nos yeux; & paroist aussi éloignée derriere la glace, que l'Objet qui envoye son image sur cette glace, en est éloigné en effet. D'où il est aisé de juger que les Miroirs ne reçoivent point d'impression des Rayons visuels, dautant que ces Rayons ne s'y arrestent pas, mais seulement s'y refléchissent, & que l'objet ne s'y voit que par ces Rayons refléchis, qui en portent l'image dans les Yeux.

Ainsi toutes les fois que l'espece d'un Objet tombera sur les troncs des vaisseaux de la Retine, elle s'y perdra sans doute, à proportion que ces troncs seront gros : & cette perte fera dans le total de l'image un deffaut, qui paroistra plus ou moins distant du papier que vous establissez pour le poinct fixe de vostre experience, suivant que ces troncs des vaisseaux seront plus ou moins éloignez de l'axe des Rayons, qui tombe au fonds de l'Oeil, à l'endroit où la Vision se fait le mieux ; estant certain qu'en toutes sortes d'Yeux, ils ne sont pas toûjours également distans de cét Axe ; car souvent ces vaisseaux entrent dans la Retine par le centre du Nerf, quelquefois par la circonference, & quelquefois aussi par l'espace qui est entre le centre & la circonference. Et ce pourroit bien estre la raison pour laquelle nous remarquons qu'il faut éloigner plus ou moins le papier qu'on perd de veuë, suivant la diversité des personnes qui font cette Experience : Car les uns perdent ce papier à la distance de deux pieds, les autres à moins de deux pieds, & les autres à une distance plus grande ; les uns le perdent un peu plus haut, & les autres un peu plus bas, selon que les troncs des vaisseaux sont situez à l'égard du Nerf-optique ; & les uns en perdent davantage que les autres, selon que les vaisseaux sont plus ou moins gros ; car leur grosseur est aussi differente que les temperamens des individus. Et parce qu'il est difficile de déterminer precisément le lieu où l'Objet se perd dans toutes sortes d'Yeux ; nous avons sujet de croire que cette perte ne se fait pas toûjours sur l'étenduë du Nerf où est la Retine, mais qu'elle se fait quelquefois hors de cette étenduë où la Choroïde se trouve. Car les troncs des vaisseaux de la Retine sont assez gros & assez longs pour s'étendre au deça ou au delà du Nerf, & cacher par ce moyen quelque partie de la Choroïde à proportion de leur grandeur : Et en ce cas il sera vray de dire, que la vision ne se fait point en tous les endroits où la Choroïde se trouve, quoy qu'ils soient exposez à la Lumiere : Ce qui pourroit bien donner une atteinte à vostre opinion ; car vous ne pouvez pas douter que ces troncs n'empeschent alors les especes des Objets qui tomberont dessus, d'aller jusqu'à la Choroïde, & que l'image ne soit defectueuse en cét endroit, dautant que ces especes ne pourront faire impression sur l'organe de la Vision au travers de ces vaisseaux.

Voila, Monsieur, les principales raisons de mes doutes touchant cét organe de la Vision : je vous avouë que vostre experience m'auroit déja determiné en faveur de la Choroïde, si ces vaisseaux

vaisseaux de la Retine, & l'opacité de cette Membrane ne me tenoient encore en suspens. Car je ne puis quitter l'opinion commune, pour en embrasser une autre qui n'est point demontrée, & qui demeure problematique. I'espere que vous me donnerez de nouvelles lumieres qui me convaincront facilement, ayant toute l'inclination possible de suivre vos sentimens, ausquels je defereray toûjours avec respect.

Vne belle découverte comme la vostre ne pouvoit pas manquer d'estre bien-tost confirmée: Car comme le secret de vostre Experience est de faire que la peinture d'un Objet tombe justement sur le Nerf-optique, ou aux environs de ce Nerf; M. Picard s'est avisé d'une maniere par laquelle on perd un Objet en tenant les deux yeux ouverts, à cause qu'on fait tomber l'image ou la peinture de cét Objet sur les deux Nerfs-optiques en mesme temps; & voicy comment.

Il faut attacher contre une muraille un rond de papier blanc de la grandeur d'un poulce ou deux, & à costé de ce papier faire deux marques sur la muraille, l'une à droit & l'autre à gauche, chacune éloignée d'environ deux pieds; puis se placer directement devant le papier à la distance de neuf pieds ou environ, & mettre le bout de son doigt vis-à-vis de ses deux Yeux, en sorte qu'il cache à l'Oeil droit la marque gauche faite à costé du papier, & à l'Oeil gauche la marque droite. Si l'on demeure ferme en cette posture & que l'on regarde fixement des deux yeux le bout de son doigt, le papier qui n'en est nullement couvert, disparoistra entierement; ce qui doit estre d'autant plus surprenant, que sans la rencontre particuliere des Nerfs-optiques où il ne se fait point de vision, le papier paroistroit double, comme on éprouvera toutes les fois que le doigt ne sera pas placé comme il faut, ou que la veuë se portera tant soit peu à costé, dont la raison vous est assez connuë sans qu'il soit besoin de l'expliquer icy.

L'application de cette maniere à la vostre est facile. Car quand on regarde fixement des deux Yeux le bout de son doigt qu'on a posé au devant des marques; c'est tout de mesme que si on poinctoit chaqu'Oeil en particulier à l'endroit qu'il faut regarder pour perdre le papier; de sorte qu'on fait avec les deux Yeux la mesme chose que ce que vous faites avec un, en tenant l'autre fermé, &c.

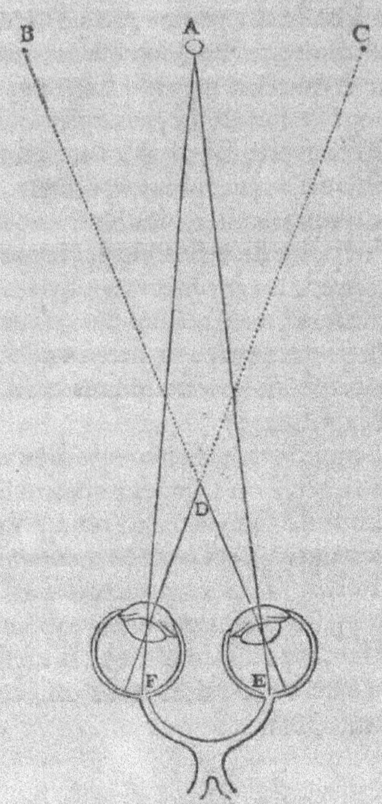

A. *Le Papier.*
BC. *Les marques faites à costé.*
D. *L'endroit où le bout du doit est placé au devant des marques, & vers où les deux Yeux doivent estre pointez.*
EF. *Les Nerfs-optiques sur lesquels les Rayons* AE. AF. *tombent quand on perd de veuë le papier* A.

www.ingramcontent.com/pod-product-compliance
Ingram Content Group UK Ltd.
Pitfield, Milton Keynes, MK11 3LW, UK
UKHW022027170726
13837UKWH00001B/444